Hühner Glück

VORBEMERKUNG

Das Gackern der Hühner im Garten und frische Eier (fast) jeden Tag vermitteln ein besonderes Lebensgefühl. Nicht nur deshalb hat die private Hühnerhaltung in Frankreich eine lange Tradition. Auch wenn ein Großteil dieses ursprünglich französischen Leitfadens auf Deutschland angepasst ist, sind doch z.B. die Beschreibungen französischer Rassen erhalten geblieben – jedoch lassen sich diese ebenfalls in deutschen Gärten halten. Probieren Sie es aus!

Bei der Hühnerhaltung sind verschiedene Regeln und Vorschriften zu beachten, deren Einhaltung Autor und Verlag dringend empfehlen. Im Falle eines Unfalls oder Schadens ist jegliche Haftung seitens des Autors oder Verlages ausgeschlossen.

Christian Naudain-Huet
Illustrationen von Julien Norwood

Hühner Glück

KLEINER LEITFADEN
FÜR DIE ARTGERECHTE HALTUNG
IM EIGENEN GARTEN

LV.Buch

INHALT

EINLEITUNG

Zu gut gelebt

Frau Grete hatt' ein braves Huhn,
Das wußte seine Pflicht zu tun.
Es kratzte hinten, pickte vorn,
Fand hier ein Würmchen, da ein Korn,
Erhaschte Käfer, schnappte Fliegen
Und eilte dann mit viel Vergnügen
Zum stillen Nest, um hier geduldig
Das zu entrichten, was es schuldig.
Fast täglich tönte sein Geschrei:
»Viktoria, ein Ei, ein Ei!«
Frau Grete denkt: Oh, welch ein Segen,
Doch könnt' es wohl noch besser legen.
Drum reicht sie ihm, es zu verlocken,
Oft extra noch die schönsten Brocken.
Dem Hühnchen war das angenehm.
Es putzt sich, macht es sich bequem,
Wird wohlbeleibt, ist nicht mehr rührig,
Und sein Geschäft erscheint ihm schwierig.
Kaum daß ihm noch mit Drang und Zwang
Mal hie und da ein Ei gelang.
Dies hat Frau Greten schwer bedrückt,
Besonders, wenn sie weiterblickt;
Denn wo kein Ei, da ist's vorbei
Mit Rührei und mit Kandisei.
Ein fettes Huhn legt wenig Eier.
Ganz ähnlich geht's dem Dichter Meier,
Der auch nicht viel mehr dichten kann,
Seit er das Große Los gewann.

Wilhelm Busch, ca. 1850

ZURÜCK ZUR NATUR

In einer immer stärker vernetzten Welt, in der die Lebensmittelindustrie uns fortwährend preisgünstige Eier liefert und uns der Respekt vor der Natur und dem Tier verlorengeht, versuchen wir, uns durch kleine Schritte wieder mit Mutter Erde zu verbinden. Der Wunsch nach einem Zurück zur Natur bewegt viele von uns dazu, sich im Garten oder auf der Terrasse ein Stückchen Landleben zu schaffen. Was auch immer die Beweggründe sein mögen – Eier von eigenen Hühnern zu haben, ist ein Traum, den jeder verwirklichen kann! Manch einer schreckt vielleicht vor diesem Vorhaben zurück, doch man benötigt dazu kein ausuferndes Spezialwissen. Mit gesundem Menschenverstand, einigen Grundregeln, ein wenig Aufmerksamkeit und einem Minimum an Informationen zur Vermeidung von Anfängerfehlern kann der Hühnerstall hinten im Garten genau das Richtige sein, um uns der Natur wieder näherzubringen!

WARUM HÜHNER?

Hühner im eigenen Garten zu halten weckt Erinnerungen an früher – daran, wie die Großmutter den Hühnern Weizenkörner hinstreute, daran, wie die Hühner einfach immer da waren und wir sie jeden Tag im Garten bestaunten. Groß und Klein können daraus etwas lernen, und es ist ein erster Schritt in Richtung Selbstversorgung. Sie können sich fantastisches Rührei aus ganz frischen Eiern zubereiten!

Hühner sind keine Haustiere wie Hunde oder Katzen, und noch weniger sind sie dazu geeignet, Kinder zu belustigen. Dennoch sind sie liebenswert und können quasi zur Familie gehören. Jedes Huhn hat seinen Charakter, und jedes ist auf seine Art empfindsam. Hühner sind stets neugierig, und sie können Menschen an der Stimme erkennen. Wenn Sie an den ersten Tagen zu ihnen gehen, weichen sie zuerst instinktiv zurück, doch schon bald gewinnt ihre Neugier die Oberhand, sie kommen näher und werden zutraulich.

Gute Gründe, um Hühner zu halten

Sie zögern noch? Für das Halten von Hühnern sprechen jede Menge Gründe – hier sind einige davon:

Es vermeidet Müll

Hühner lieben Gemüseabfälle. Ein Huhn kann im Jahr mehrere Kilogramm Speisereste vertilgen. Vermeiden Sie Fleisch, Kaffeesatz oder Teeblätter – viel besser sind Getreide und pflanzliche Nahrung.

Es ist ethisch vertretbar

Keine Verpackungen, kein Einkauf im Supermarkt und keine Haltung in großen Ställen. Hühnerhaltung bedeutet kurze Wege und ein bisschen Autonomie und Autarkie innerhalb der Familie.

Es ist lehrreich

Durch das Halten und Beobachten eigener Legehennen lernt man viel mehr, als wenn man einfach eine Schachtel Eier kauft.

Es ist beruhigend

Mit der Zeit wird ein kleines Ritual entstehen. Vorsichtig ein noch warmes Ei einzusammeln und zu verzehren wird zum kleinen Glücksmoment, der unbezahlbar ist.

EIERPRODUKTION IM »FAMILIENBETRIEB«

Jeder kann ganz einfach eine kleine Menge Eier für den Eigenbedarf und für Freunde und Verwandte produzieren. Für die artgerechte Haltung von Hühnern müssen Sie lediglich einige Grundregeln einhalten und auf tadellose Hygiene achten, wie in diesem Buch beschrieben wird. Vor allem müssen Sie bereit sein, der Versorgung und Pflege Ihrer Hühner jeden Tag etwas Zeit zu widmen, und dies wirklich gern tun. Im täglichen Umgang entwickeln Halter und Hühner eine Beziehung zueinander, die eine große Bereicherung sein und einen tatsächlich etwas über das Leben und auch den Tod lehren kann. Sicherlich kann es bei der Hühnerhaltung vorkommen, dass man einmal ein Tier verliert, und es zerreißt einem jedes Mal das Herz. Doch durch eine solche Erfahrung kann man auch lernen, mit dem Tod umzugehen. Die Bindung zwischen Mensch und Tier ist zweifellos ein kostbares Erbe, das es weiterzugeben gilt, damit es auch in Zukunft ein harmonisches Miteinander zwischen beiden geben kann.

Bin ich für die Hühnerhaltung geeignet?

Hühner zu halten ist etwas anderes, als einen Goldfisch zu haben. Bevor Sie sich entschließen, es zu wagen, sollten Sie sich einige Fragen stellen. Sie müssen sicher sein, dass Ihre Schützlinge es wirklich gut bei Ihnen haben. Selbst wenn Sie über genügend Platz verfügen, brauchen Sie auch Zeit, um sich um die Hühner zu kümmern.

Anwesend sein

Sie müssen die Hühner mit Futter und Wasser versorgen, aber auch die Eier einsammeln. Dazu müssen Sie jeden Tag anwesend sein.

Aufmerksam sein

Sie müssen sich sorgfältig und aufmerksam um Ihre Hühner kümmern und sie gut beobachten, damit Sie erkennen, ob sie gesund sind. Sie müssen sie füttern und den Hühnerstall sauber halten. Während Hitze- oder Kälteperioden müssen Sie besonders wachsam sein und den Bereich der Hühner anpassen, damit sie auch extreme Wetterlagen gut überstehen.

Die Regelungen einhalten

Erkundigen Sie sich nach den in Ihrer Gemeinde geltenden Regeln bezüglich der Hühnerhaltung und sprechen Sie vorab mit Ihren Nachbarn über Ihr Vorhaben.

KLEINE GESCHICHTE DES HUHNS

Das Huhn soll zwischen 3000 und 6000 v. Chr. in Asien domestiziert worden sein. Als sein Urahn gilt ein indisches Wildhuhn, das Bankivahuhn *Gallus gallus*, – es hat als einziges die Eiszeiten überstanden. Dieses Huhn aus dem Dschungel lebt in Indien, Thailand und Kambodscha auch heute noch wild.

VERBREITUNG WÄHREND DER ANTIKE

Vom Tal des Indus hat das Huhn eine weite Reise gemacht, die es nacheinander nach Persien, Mesopotamien und Griechenland führte. In den antiken Gesellschaften wurde das Huhn vor allem für Hahnenkämpfe und religiöse Riten geschätzt. Die Phönizier und Karthager, exzellente Seefahrer und umtriebige Händler, brachten das Huhn in jeden Landstrich, in dem sie Halt machten. So gelangte es bis nach Britannien, wo es sich besonders verbreitete.

DIE ERSTE HÜHNERHALTUNG

Es waren jedoch die Römer, die das Huhn (lateinisch *pulla*, »kleines Tier«, genannt) zuerst hielten und züchteten. Zu jener Zeit existierten nachweislich sechs Hühnerrassen. In den römischen Provinzen – darunter Gallien mit seiner damals schon zahlreichen Bevölkerung – vermischten sich diese Zuchtstämme.

DER HÜHNERHOF IM MITTELALTER

Auf mittelalterlichen Burgen hielt man Hühner im Wirtschaftshof, also in der Vorburg zwischen der äußeren und inneren Ringmauer. Im Unterschied zur Hauptburg, die den herrschaftlichen Gemächern vorbehalten war, gehörten zum Wirtschaftshof neben den Stallungen auch das Backhaus, der Brunnen, die Häuser der Handwerker und Bauern, manchmal sogar das Wohngebäude des Lehnsherrn. Der dem Geflügel vorbehaltene Teil wurde Hühnerhof genannt.

WIRTSCHAFTLICHKEIT

Um die Mitte des 20. Jahrhunderts wurden Hühner immer noch unter ähnlichen Bedingungen gehalten wie in den Jahrhunderten zuvor. Auf dem Dorf hatte jeder Hühner, Hasen, Gänse oder Enten. Die Geflügelhaltung diente als Zubrot. Die Hühner leisteten dabei nicht nur einen Beitrag zur täglichen Ernährung (vor allem durch die Eier), sondern bedeuteten neben dem landwirtschaftlichen Haupterwerb (Feldfrüchte, Viehhaltung) auch ein zusätzliches Einkommen.

SELBSTERNEUERUNG

Die Hühner wurden ganz einfach verzehrt oder verkauft. Einige der schönsten Tiere behielt man für die Nachzucht. Die sogenannte Selbsterneuerung war also die Regel. Von Zeit zu Zeit wurden neue Tiere eingebracht, um das Erbgut der Hühnerschar zu bereichern. Zu Beginn der 1950er-Jahre wurde noch nicht streng auf Selektion geachtet, doch diese entwickelte sich rasch, um den Bedürfnissen der rasant wachsenden Geflügelproduktion gerecht zu werden.

DIE RASSEN

Sehr lange, bis zum Beginn des 20. Jahrhunderts, hielt man in Deutschland meist regionale Hühnerrassen, zum Teil auch englische, französische oder niederländische Rassen. Damals spielte die Legeleistung noch keine große Rolle, vielmehr legte man Wert auf zartes Fleisch. Daher waren neben Rassen wie Barbezieux, La Flèche, Le Mans, Crèvecœur auch Deutsche Lachshühner sehr beliebt.

Um die Eierproduktion anzukurbeln, wandten sich die Züchter zwischen den beiden Weltkriegen vermehrt englischen und amerikanischen Rassen wie Leghorn (italienischen Ursprungs), Rhodeländer, Sussex oder Orpington und Wyandotte zu. Deutsche Rassen wie Sundheimer, Deutsches Reichshuhn, Bergische Schlotterkämme und Deutsche Sperber und französische Rassen wie Gâtinaise, Marans, Faverolles und Bresse-Gauloise konnten jedoch mit dieser Konkurrenz mithalten.

GEFLÜGELZUCHTBETRIEBE

Die Geflügelhaltung diente in Deutschland bis in das 20. Jahrhundert hinein hauptsächlich der Selbstversorgung. Auf den Bauernhöfen war sie ein Nebenerwerbszweig.

In den 1930er-Jahren stieg die Kaufkraft und damit die Nachfrage nach Geflügel. Die Produzenten spezialisierten sich und führten zahlreiche Neuerungen ein. Bis in die 1940er Jahre wurden vor allem zentrale Aufzuchtstationen aufgebaut, die mit Hilfe von Reichsmitteln finanziert wurden.

PROFESSIONELLE GEFLÜGELHALTUNG

Erst Ende des Zweiten Weltkrieges entwickelte sich die deutsche Geflügelzucht zu dem Produktionszweig, den wir heute kennen. Dafür orientierte man sich an den Standards von anderen Ländern, zum Beispiel den Vereinigten Staaten, die hinsichtlich des Geflügels, des benötigten Futters, der Haltung, Hygiene und der Selektion bereits über breites Wissen verfügten.

Kleinbetriebe verlegten sich ab 1950 vorwiegend auf die Geflügelhaltung. Sie bot Möglichkeit sich zu entwickeln, ohne Flächen dazukaufen zu müssen. Noch 1958 wurden 80 % aller Hühner in landwirtschaftlichen Betrieben gehalten, die nicht größer als 20 Hektar waren.

Zwischen 1951 und 1966 verdoppelte sich der Pro-Kopf-Verbrauch von Eiern in Deutschland von 134 auf 248 Stück. Für den wachsenden Bedarf wurde die Geflügelzucht intensiviert: Durch Hybridkreuzung entstanden leichtere Legehennen für die Eierproduktion, schwere Hühner mit viel Fleischansatz (Masthühner/Poularden/Broiler) für die Mast sowie Zweinutzungshühner.

STRENGE KONTROLLEN

Seit einer heftigen Tierschutzdebatte Anfang der 1970er-Jahren haben sich die Haltungsbedingungen für Legehennen stark verbessert. Heute gibt es in Deutschland verschiedene Haltungsweisen von Hühnern: Kleingruppen-, Boden- oder Freilandhaltung, ökologische Haltung oder Mobilställe. Die Halter in Deutschland werden streng überwacht, die Lebensmittel- und Tierhaltungsgesetze gelten als die strengsten weltweit.

WISSENSWERTES RUND UMS HUHN

ANATOMIE DES HUHNS

Das Huhn gehört zur Ordnung der Hühnervögel (*Galliformes*) und zur Familie der Fasanenartigen (*Phasianidae*). Dies sind bodenbewohnende Vögel: Sie können fliegen, jedoch nicht sehr hoch und nur über kurze Distanzen. Hühnervögel haben kräftige Beine und Füße, einen gedrungenen Körper und einen kurzen Schnabel. Äußerlich ähneln sich alle Hühner, egal, ob es Lege- oder Fleischrassen sind. Einige anatomische Merkmale der Hühner sollten Sie kennen, um den Gesundheitszustand der Tiere beurteilen zu können.

DER KOPF

Zum Kopf des Huhns gehören verschiedene Organe und Partien, deren Form oder Farbe je nach Rasse variiert.

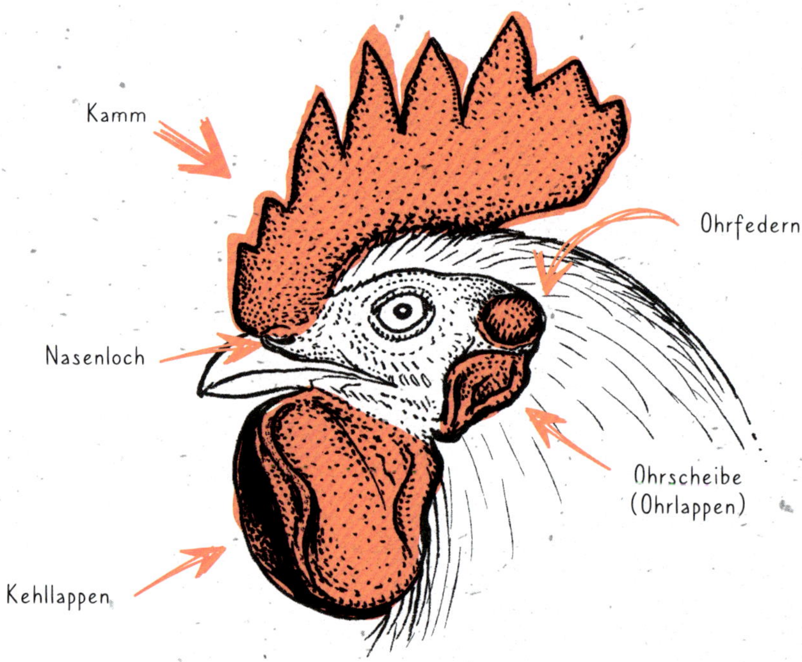

DER KAMM

Der Kamm kann gezackt oder niedrig, also eher flach sein. Mal ist er glatt, mal wulstig, und außer bei einigen Rassen (Seite 34) immer von rosa bis leuchtend rot gefärbt. Manche Rassen haben statt dessen eine Haube. Einige Studien zeigen einen Zusammenhang zwischen der Kammgröße und der Legeleistung auf – je voluminöser der Kamm, desto höher die Legeleistung.

Walnusskamm

Blätterkamm

Hörnerkamm

Großer Einfachkamm

Kleiner Einfachkamm

Dreireihiger Kamm

DAS AUGE

Bei den meisten Hühnern ist das Auge rötlich-orange. Manche Rassen wie die Krüper oder das Annaberger Haubenstrupphuhn haben schwarze oder hellere Augen. Zum Schutz des Auges besitzt das Huhn drei Lider: zwei äußere (das untere ist größer als das obere) und ein inneres, durchsichtiges, das sich seitlich bewegt (die Nickhaut).

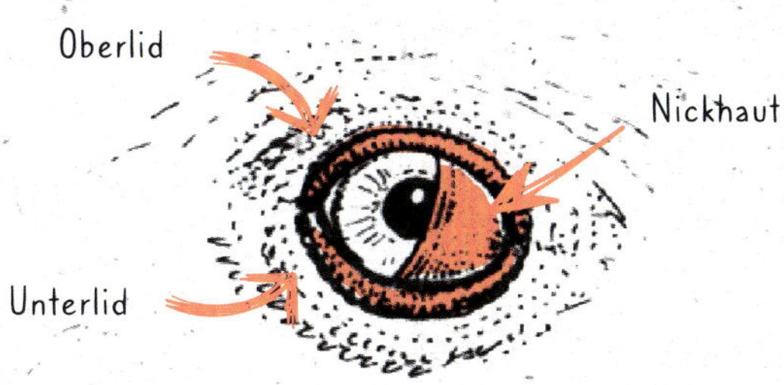

DER KEHLLAPPEN

Der mehr oder weniger große Kehllappen sitzt vorn am Hals. Kamm und Kehllappen sind beim Hahn stets ausgeprägter als bei der Henne derselben Rasse.

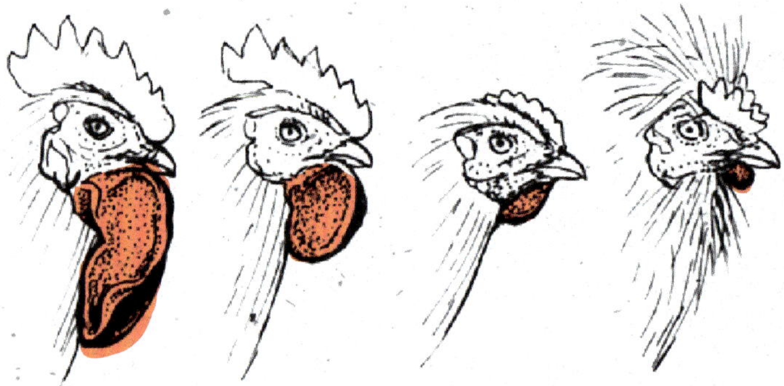

DER SCHNABEL

Der harte Schnabel ist leicht gekrümmt; die Farbe variiert je nach Rasse. Das Charollaise-Huhn hat einen weißen Schnabel, beim Deutschen Sperber Huhn hat er die Farbe von hellem Horn, beim Deutschen Lachshuhn die von dunklem Horn, und bei bestimmten Farbschlägen von Seidenhühnern ist er blau-schwarz.

DER HALS

Dank der 14 Halswirbel ist der Hals des Huhns sehr biegsam. Dies ermöglicht ihm große Bewegungsfreiheit und schnelle, ruckartige Kopfbewegungen.

DIE BEINE UND FÜSSE

Die Beine des Huhns bestehen aus einem (nicht sichtbaren) Oberschenkel, einem Unterschenkel und einem oft schuppigen Lauf (Ständer); am Lauf des Hahns sitzt ein Sporn. Es gibt vier Zehen, drei vor und eine hinter dem Lauf. So kann das Huhn auf einer Stange sitzen und diese mit den Zehen umklammern. Manche Hühnerrassen besitzen fünf Zehen; die fünfte sitzt oberhalb der Hinterzehe.

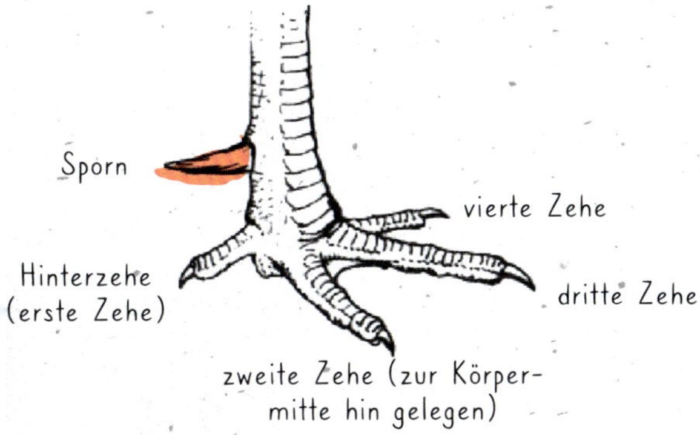

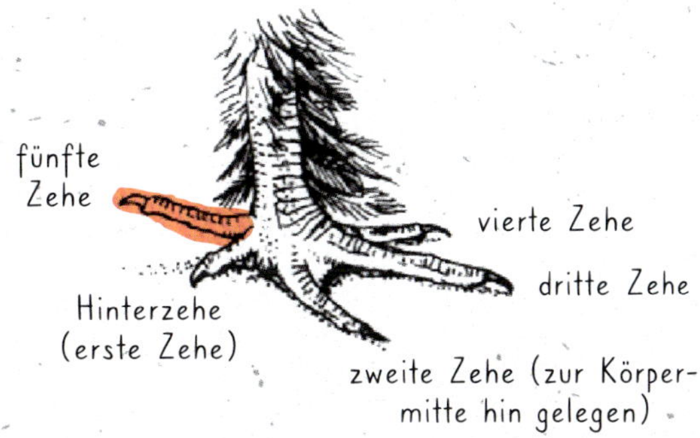

DIE FLÜGEL

Wie alle Vögel hat auch das Huhn Flügel. Da diese kurz und abgerundet sind, kann das Huhn zwar fliegen, jedoch weder sehr hoch noch über weitere Strecken.

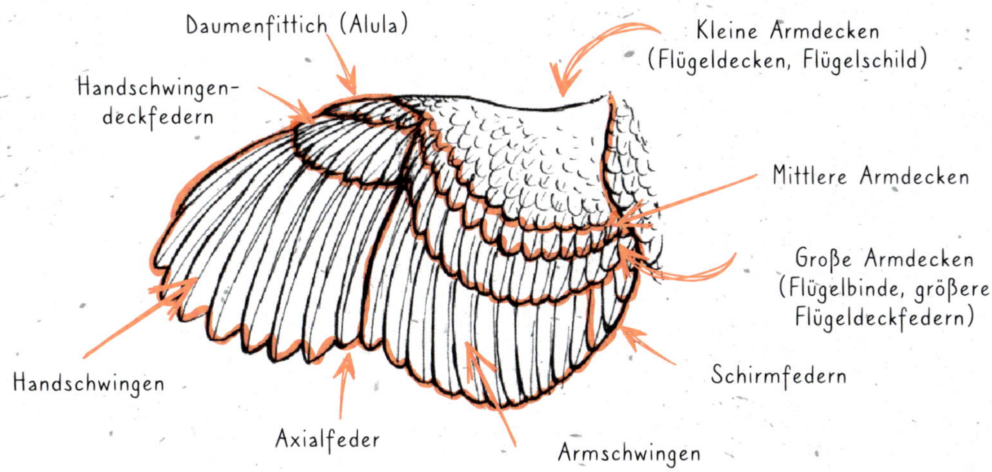

DAS GEFIEDER

Der Körper des Huhns ist wie bei jedem Geflügel nahezu vollständig von Federn bedeckt, die eine doppelte Funktion haben: Sie dienen zum Fliegen und als Schutz, vor allem gegen Kälte. Das Gefieder des Huhns besteht aus verschiedenen Federarten.

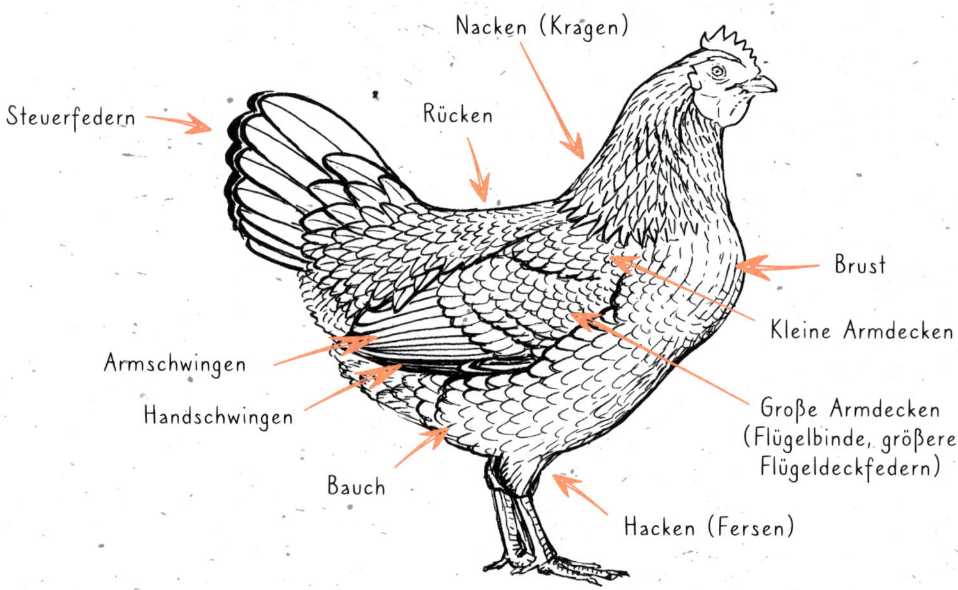

Die Federn

Konturfedern

An den verschiedenfarbigen Konturfedern kann man Hühner voneinander unterscheiden. Die Federn verfügen über ein einzigartiges Haftsystem (Verzahnung): Haben einzelne Partien sich voneinander gelöst, kann das Huhn sie mit seinem Schnabel wieder verbinden und das Gefieder glätten.

Dunen (Daunen) und Halbdunen

Die Dunen, kleine weiche Flaumfedern, sind besonders wichtig für die Isolation gegen Kälte. Die Halbdunen ähneln im Bau den Körperfedern, besitzen jedoch nicht deren Haftsystem.

Fadenfedern (Haarfedern)

Diese sehen aus wie lange Haare mit einer Art Tuff am Ende. Ihr langer, haardünner Schaft ist stark innerviert. Sie sitzen überall zwischen den übrigen Körperfedern und melden dem Huhn den Zustand seines Gefieders.

Tasthaare

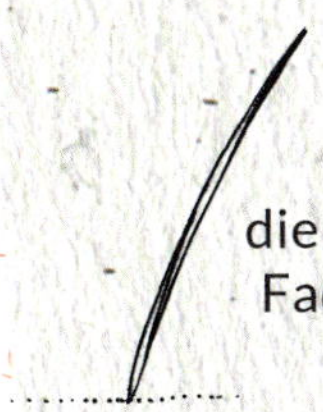

An der Schnabelbasis und manchmal rings um die Augen hat das Huhn kleine starre Haare, die wie die Fadenfedern der Wahrnehmung taktiler Reize dienen.

DER VERDAUUNGSTRAKT

Das Huhn hat keine Zähne, es zerreißt es sein Futter grob mit dem Schnabel und den Füßen und schluckt es unzerkaut hinunter. Zum Glück hat Mutter Natur das Huhn mit einem speziellen Verdauungssystem ausgestattet, das perfekt auf seine Ernährungsweise abgestimmt ist: Das Futter wird zerkleinert und aufgespalten, sodass der Organismus es verwerten kann und funktionstüchtig bleibt.

Vom Schnabel wird das Futter durch die **Speiseröhre** in den **Kropf** transportiert. Dort wird es vorübergehend gespeichert und etwas mit Wasser eingeweicht. Ist der Kropf voll, kann man ihn sehen und ertasten. Der **Drüsenmagen** ist der »chemische Magen«: Hier wird das Futter mithilfe von Säuren und Enzymen vorbereitet. Der **Muskelmagen** (Kaumagen) ist ein kräftiger Muskel, der durch seine Kontraktionen das Futter zermahlt. Unterstützt wird dies durch die Magenkiesel, kleine Steinchen, die das Huhn aufnimmt.

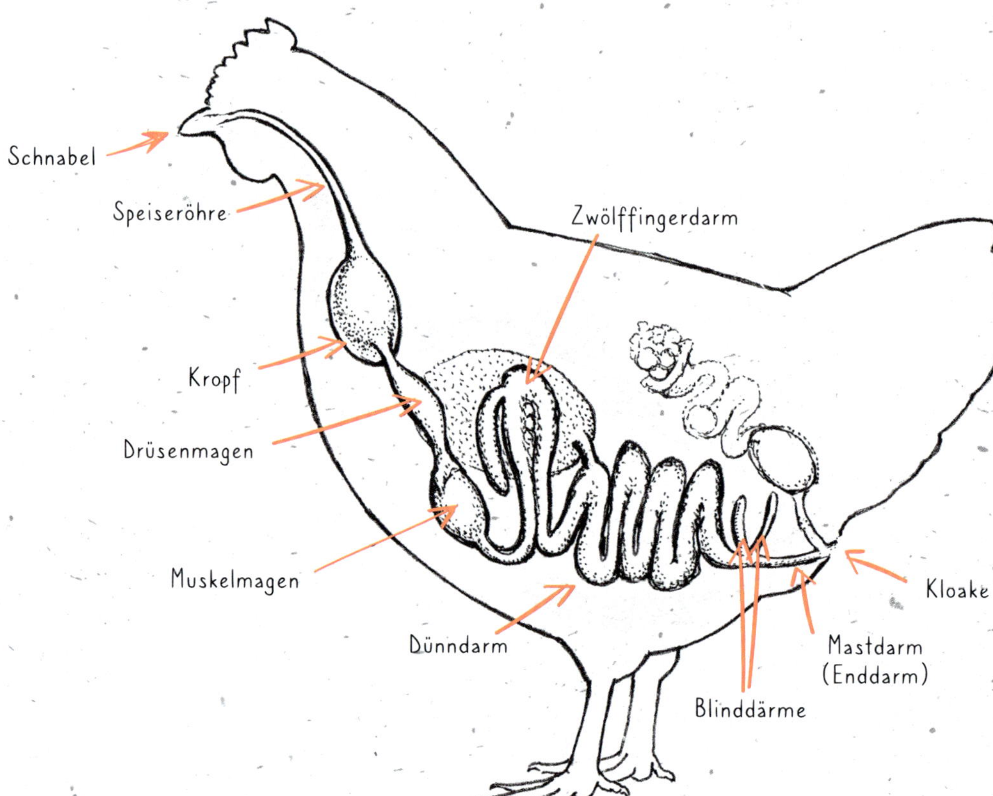

DER ATEMTRAKT

Der Atemtrakt besteht aus den Lungen und mehreren Luftsäcken, regelrechten Luftspeichern, die bei der Atmung als eine Art Blasebalg dienen und den Luftaustausch in den Lungen ermöglichen. Zudem dienen sie beim Fliegen als Stütze der Flügel. Indem sie sich mit warmer Luft füllen, wird das Huhn quasi leichter, was das Auffliegen erleichtert.

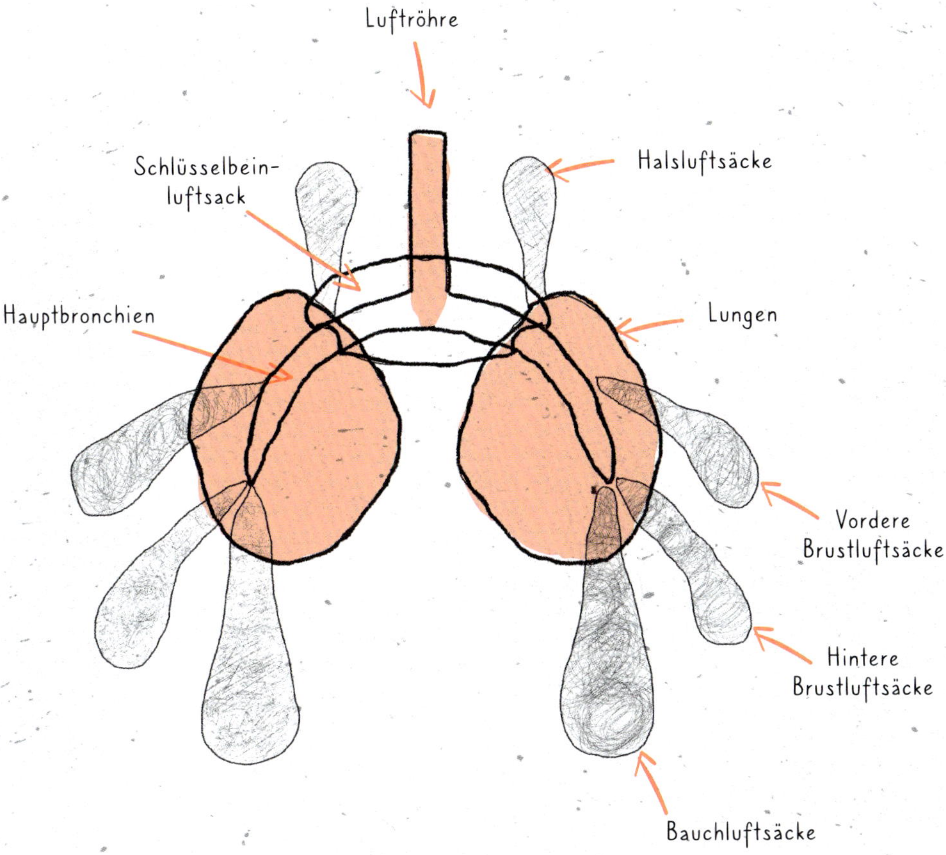

TYPISCH HUHN: DAS VERHALTEN

Hühner leben gern in Gruppen, jedoch ohne Sozialstruktur. Dennoch entsteht in einer Hühnerschar rasch eine Art Hierarchie. Es ist interessant zu beobachten, wie die Hühner miteinander interagieren – dadurch lernt man, ihre Auseinandersetzungen besser zu verstehen und in Schach zu halten, damit sie nicht zur Dauerfehde werden.

DIE SOZIALE RANGORDNUNG

Lange Zeit hat man Hühner in kleinen Gruppen gehalten. Dabei sind Hühner sehr sozial. Sie erkennen mehr als hundert andere Hühner wieder. Kamm und Kehllappen spielen für die Bildung der sozialen Rangordnung (Hackordnung) eine wichtige Rolle. Sind sie groß, ist dies für die anderen ein Zeichen der Überlegenheit, und sie ordnen sich unter.

Die dominanten Hühner stellen ihre Überlegenheit immer wieder unter Beweis. Das geht so weit, dass sie untergeordnete Hühner drangsalieren. Nicht selten sieht man, wie eine dominante Henne eine andere von der Futterstelle oder einem Ruheplatz verjagt, ohne dass das Opfer sich wehrt.

DIE KÄMPFE

Die Hackordnung bildet sich infolge kurzer Auseinandersetzungen oder gar Kämpfe aus. Ein Huhn geht aufgeplustert, mit dem Kopf voran, auf ein anderes Huhn los und attackiert es mit Schnabel und Krallen.
Diese Kämpfe dauern meist nicht lang und enden, indem einer der beiden »Streithähne« aufgibt. Das unterlegene Huhn ergreift die Flucht oder legt sich zum Zeichen seiner Unterwerfung auf den Boden.

AUFBAUMEN

Das Aufbaumen ist ein angeborener Reflex, Überbleibsel aus der Zeit, in der das Wildhuhn Schutz auf Bäumen suchte. Das Huhn versucht stets, sich auf den höchsten Punkt zu setzen. Zum Aufbaumen mag es am liebsten dunkle, abgeschiedene Plätzchen. Wenn Sie Hühnern, die ohne Sitzstangen aufgezogen wurden, solche anbieten, kann es eine Weile dauern, bis sie sich daran gewöhnen.

SCHARREN

Ein weiterer angeborener Trieb des Huhns ist das Scharren auf dem Boden. Dabei sucht es nach Körnern, Insekten und Grashalmen, um sich zu ernähren. Falls Sie einen Gemüsegarten haben, können Sie sich dieses Verhalten zunutze machen und die Hühner »Unkraut jäten« lassen. Versuchen Sie nicht, diesen Instinkt zu unterdrücken, das wäre Tierquälerei.

PICKEN

Auch das Picken ist ein den Hühnern angeborenes Verhalten. Schon die Küken beginnen von Geburt an zu picken, und die Schnabelhiebe zum Zweck der Nahrungsaufnahme werden rasch sehr exakt.

DAS SANDBAD

Hühner rollen sich gern in Staub und Sand und schütteln sich danach aus, um ihr Gefieder von überschüssigem Fett zu befreien und eventuelle Parasiten loszuwerden. Wenn Sie an einem geschützten Platz im Hühnerhof einen Trog mit Sand aufstellen, werden Ihre Hühner dieses Bad gern nutzen!

GLÄTTEN UND EINFETTEN DES GEFIEDERS

Hühner verbringen Stunden damit, ihr Gefieder zu glätten, um es in Ordnung und in gutem Zustand zu halten. Mit dem Schnabel fassen sie die Federn, um voneinander gelöste Partien wieder zu verbinden (siehe Seite 96).

Sind einige Federn zu struppig, glätten die Hühner sie mithilfe der Bürzeldrüse. Diese befindet sich an der Oberseite der Schwanzwurzel und sondert ein öliges Sekret ab, das die Hühner mit dem Schnabel sorgfältig verteilen.

DAS HUHN UND DER MENSCH

Die Beziehung zwischen Hühnern und Menschen ist alles andere als oberflächlich. Hühnerhalter können oft die kuriosesten Geschichten über das Verhalten ihrer Hühner erzählen. Falls Sie einem begegnen, bitten Sie ihn, Ihnen eine Anekdote zum Besten zu geben.

DIE FÜNF SINNE

Hühner haben ein kleines Gehirn, doch das macht sie nicht weniger intelligent. Der Begriff »Miniaturversion« wäre zutreffender, so ausgeklügelt werden die Wahrnehmungen ihrer fünf Sinne im Gehirn verarbeitet.

DAS SEHVERMÖGEN

Dies ist ohne Zweifel der am besten entwickelte Sinn des Huhns. Wie viele andere Vögel – vor allem Raubvögel – sieht es monokular, das heißt, es hat ein Gesichtsfeld von nahezu 360°. Hinter dem Kopf gibt es einen toten Winkel, den das Huhn jedoch durch seinen beweglichen Hals ausgleicht. Im Bereich vor dem Schnabel überschneidet sich das Blickfeld beider Augen, sodass ihm hier räumliches Sehen möglich ist. Dank seiner Sehkraft kann es Sie erkennen – oder auch die Schale, in die Sie sein Futter füllen.

Das Huhn nimmt Farben und UV-Licht wahr.

Das Huhn sieht weiter als der Mensch (ca. 50 m). Es kann Farben unterscheiden und UV-Licht wahrnehmen. Im Dunkeln hingegen sehen Hühner schlecht. Warten Sie daher die Dunkelheit ab, falls Sie ein Huhn einmal untersuchen müssen. Vorsicht bei künstlicher Beleuchtung: Hühner nehmen eine viel höhere Frequenz wahr als Menschen, sodass Licht, das wir als kontinuierlich sehen, zum Beispiel von einer Leuchtstoffröhre, für sie ein flackerndes Blitzlichtgewitter sein kann.

DAS GEHÖR

Auch das Gehör des Huhns ist gut entwickelt. Hühner kommunizieren untereinander mit über 30 verschiedenen Lauten auf einer Frequenz von 15–10 000 Hertz. Sie können ihre Küken am Piepsen voneinander unterscheiden und erkennen, ob der Laut eines anderen Huhns bedeutet, dass Gefahr droht, es ein Ei gelegt oder etwas Interessantes zu fressen entdeckt hat. Das Huhn hat keine Ohrmuschel, daher muss es mit dem Kopf wackeln, um Geräusche einzufangen.

DER TASTSINN

Das Huhn scharrt nicht einfach nur gern, über seine Füße sowie den Schnabel und die Zunge nimmt es auch zahlreiche Signale wahr. Wenn Sie dicht an den Schnabel herangehen, erkennen Sie kleine, kurze Federn: Dies ist nicht einfach ein Schnurrbart, sondern es sind die Tasthaare des Huhns.

DER GESCHMACK

Möglicherweise kann das Huhn verschiedene Geschmacksrichtungen wahrnehmen, jedoch weniger als wir Menschen. Bisher gibt es dazu kaum gesicherte Erkenntnisse, doch es ist zweifellos der am wenigsten entwickelte Sinn des Huhns.

DER GERUCHSSINN

Auch über den Geruchssinn des Huhns wissen wir nicht sehr viel. Doch neuere Erkenntnisse zeigen, dass Hühner einen Fressfeind oder ein Futter am Geruch erkennen können.

WELCHES HUHN PASST ZU MIR?

Vielleicht möchten Sie einfach Hühner halten, um Eier zu haben, aber es wäre schade, keine bestimmten Rassen auszuwählen. Charakter und Temperament können je nach Rasse – wie auch unter den einzelnen Hühnern – sehr unterschiedlich sein. Zur Auswahl können Sie verschiedene Kriterien heranziehen: die Charaktereigenschaften, die Größe, das Aussehen, die Legeleistung …

AUSWAHLKRITERIEN

Wir alle haben bestimmte Erwartungen und Idealvorstellungen, doch man muss auch die Kehrseite bedenken. Folgende vier Punkte können Ihnen eine Hilfestellung bei der Auswahl sein:

- **Die Lebensdauer** und auch die Legedauer von Hühnern ist begrenzt. Manche Hühner werden bis zu zehn Jahre alt, die meisten von ihnen legen jedoch nur bis zum Alter von drei Jahren Eier.
- **Es gibt große und kleine Hühner.** Ein kleines Huhn wird nicht größer als 35 cm und wiegt durchschnittlich 0,5 kg, ein mittelgroßes Huhn wird 35–45 cm groß und wiegt durchschnittlich 3 kg, und ein großes Huhn wird größer als 45–55 cm und wiegt durchschnittlich 4 kg. Die Größe der Eier ist proportional zur Größe des Huhns und zu seinem Futterverbrauch.
- **Manche Hühner fliegen lieber und besser als andere.** Grundsätzlich können alle Hühner fliegen, jedoch mehr oder weniger hoch und weit. Jene, denen das Fliegen schwerfällt, sind meist große Hühner wie die Wyandotten – sie haben schon Schwierigkeiten, über einen 1,20 m hohen Zaun zu fliegen. Leichtere, agilere Hühner können hingegen 2 m hohe Zäune überwinden.
- **Die Anschaffungskosten sind sehr unterschiedlich**, je nachdem, ob es sich um ein Hybridhuhn oder ein Rassehuhn handelt. Hybridhühner bekommen Sie problemlos schon ab 10 Euro; ein Rassehuhn kostet zwischen 20 und 40 Euro.

HYBRIDHUHN ODER RASSEHUHN?

Es gibt heute zwei Kategorien von Hühnern, und jede hat ihre Vor- und Nachteile. Sie haben die Wahl zwischen Rassehühnern (sogenannten alten oder traditionellen Rassen) und Hybridhühnern (Industriehybriden: Mast- oder Legehybriden).

Hybridhühner werden seit Ende des Zweiten Weltkrieges aufgrund der veränderten Bedürfnisse der neu entstandenen industriellen Geflügelwirtschaft gezüchtet. Hybridhühner wurden gezüchtet, um schneller Eier (Legehybriden) bzw. Fleisch (Masthybriden) zu produzieren.

Der Star unter ihnen ist die Braune Legehenne. Das Hybridhuhn ist für die Produktion von Eiern für die Familie gut geeignet. Welche Gründe sprechen für Hybridhühner?

- Sie sind ideal für Anfänger, kostengünstig im Unterhalt und bringen rasch Ergebnisse (Eier oder Fleisch).
- Der Anschaffungspreis ist sehr niedrig.
- Die Legeleistung von Hybridhühnern ist oft ausgezeichnet: In den ersten beiden Jahren legen sie quasi ununterbrochen.

Rassehühner sind nicht unbedingt geeigneter für die Eierproduktion (sie legen weder mehr noch bessere Eier), doch sie sind robuster und weniger krankheitsanfällig. Die genaue Anzahl der Rassen zu beziffern ist schwierig, doch im Rassegeflügel-Standard für Europa werden rund 200 anerkannte Hühnerrassen aufgeführt. Welche Gründe sprechen für Rassehühner?

- Mit der Haltung von Rassehühnern tragen Sie zur Erhaltung alter Hühnerrassen bei (wenn Sie zugleich einen Hahn anschaffen).
- Rassehühner sind gute Legehühner (etwa 150 Eier pro Jahr), und sie sind brutfreudig. Mit zwei bis drei Rassen haben Sie das ganze Jahr über Eier.
- Rassehühner sind zweifellos etwas schwieriger zu finden, und sie sind teurer, aber sie sind schön! Wenn Sie Wert auf die äußere Erscheinung legen, werden Sie hier fündig.

Checkliste für die Hühnerauswahl

Legehybride oder Rassehuhn?

LEGEHYBRIDE	RASSEHUHN
Gewicht	**Gewicht**
2–3 kg	2–5 kg
Charakter	**Charakter**
Zutraulich bis sehr zutraulich	Eigenwillig bis zutraulich
Legeleistung	**Legeleistung**
Ca. 300 Eier im ersten Jahr, dann stark nachlassend	180–200 Eier im ersten Jahr, danach weitere 3–4 Jahre gut
Eigewicht	**Eigewicht**
55–65 g	50–70 g

EINE AUSWAHL: RASSEPORTRÄTS

Es gibt so viele Hühnerrassen, dass wirklich jeder eine passende findet. Die acht französischen und sieben internationalen Rassen auf den folgenden Seiten vorgestellten Rassen bilden nur ein kleiner Ausschnitt aus der Vielfalt. Zu jeder können Sie die vollständige offizielle Beschreibung nach dem Rassegeflügel-Standard leicht im Internet finden.

Achten Sie darauf, je nach Platz und Gegebenheiten (siehe Seite 52) die Ra ssen auszuwählen, die am besten zu Ihnen passen. Die Rassen Sundheimer, Vorwerk, Barnevelder oder auch Bielefelder Kennhuhn sind ideal für Einsteiger.

Sie wünschen sich vor allem ein gutmütiges Huhn, um frische Eier zu haben? Dann sind Legehybriden zu empfehlen. Sie stammen meist aus einer Kreuzung mit einer der beiden alten Rassen Rhodeländer oder White Leghorn. Häufig geben Legehennenställe braune oder weiße Hennen ab. Fragen Sie einfach nach. Rassehühner sind grundsätzlich widerstandsfähiger als Hybridhühner, doch um ein garantiert reinrassiges Huhn zu bekommen, muss man es bei einem guten Züchter kaufen. Wählen Sie diesen daher sorgfältig aus. Nicht alle Hühnerrassen sind jedoch gleich legefreudig. Die auf den folgenden Seiten vorgestellten Legehennen sind für die kleine Hobby-Hühnerhaltung geeignet.

Wählen Sie den Züchter, bei dem Sie kaufen, sorgfältig aus.

Wenn Sie nur wenig Platz haben, wären Zwerghühner vielleicht das Richtige für Sie. Zum einen sind diese sehr hübsch, zum anderen benötigen sie keinen großen Lebensraum. Auf den folgenden Seiten finden Sie auch die beliebtesten Zwerghuhnrassen. Heutzutage gibt es viele Hühnerrassen auch in Zwergform.

Gauloise

Die älteste französische Landhuhnrasse. Das Gauloise-Huhn ist mittelgroß, sehr aktiv und hat eine stolze Haltung. Es fliegt gern und benötigt viel Platz. Sein Farbschlag heißt goldhalsig; der »bunte« Hahn ist Vorbild des französischen Wappentiers (gallischer Hahn). Die weißen Exemplare der eigenständigen Rasse Bresse Gauloise genießen – als einzige Geflügelrasse – unter der Bezeichnung Bressehuhn (Poulet/Volaille de Bresse) sogar Markenschutz.

Steckbrief

Herkunft: Frankreich (Burgund, Franche-Comté)

Gewicht: 2–2,5 kg

Eier: durchschnittlich 60 g, weiße Schale, etwa 180 Stück pro Jahr

Bourbonnaise

Dieses hochbeinige Großhuhn stammt aus der französischen historischen Region Bourbonnais (heute größtenteils Département Allier). Sein Gefieder ist weiß-schwarzcolumbia, es hat einen Einzelkamm, mittelgroße Kehllappen und rote Ohrscheiben. Die Hennen sind ausgezeichnete Bruthennen.

Steckbrief

Herkunft: Frankreich (Allier, Rhône-Alpes)

Gewicht: 2,5 kg

Eier: durchschnittlich 60 g,
cremeweiße oder leicht rosa getönte Schale,
etwa 180 Stück pro Jahr

Rennaiser Sperber

Dieses, auch Sperber von Rennes genannte, ziemlich große, aber elegante Huhn stammt aus der Gegend um die bretonische Hauptstadt. Sein weiß-grau gesperbertes Gefieder erinnert an das eines Sperbers. Es hat einen Einzelkamm, mittelgroße Kehllappen und rote Ohrscheiben. Es benötigt viel Platz.

Steckbrief

Herkunft: Frankreich,(Ille-et-Vilaine, Bretagne)

Gewicht: 3 kg

Eier: durchschnittlich 60 g,
cremeweiße Schale,
etwa 170 Stück pro Jahr

Französische Faverolles

Diese auch Französisches Lachshuhn genannte Rasse stammt aus dem französischen Örtchen Faverolles (Region Centre) und ist aus Kreuzungen hervorgegangen. Die imposanten Hühner mit dem hübschen Gefieder werden für ihr zartes Fleisch geschätzt, gehören aber auch zu den Frühlegern. Besonderheit: Sie besitzen fünf Zehen.

Steckbrief

Herkunft: Frankreich, (Eure-et-Loir, Centre)

Gewicht: 2,8–3,5 kg

Eier: durchschnittlich 55 g,
cremeweiße bis braune Schale,
etwa 170 Stück pro Jahr

Gâtinaise

Diese Rasse stammt aus dem französischen Gâtinais (Gegend zwischen Montargis und Sens). Die Hühner sind groß, aber elegant und wirken beinahe zierlich. Das Gefieder ist vollkommen weiß, der Einfachkamm, die Kehllappen und Ohrscheiben sind rot. Die Hennen gehören zu den Frühlegern mit einer ausgezeichneten Legeleistung und legen sogar im Winter Eier. Diese Hühner benötigen viel Platz.

Steckbrief

Herkunft: Frankreich (Gâtinais, südöstlich von Paris)

Gewicht: 2,5–3 kg

Eier: durchschnittlich 60 g,
weiße Schale,
etwa 170 Stück pro Jahr

Géline de Touraine

Dieses lebhafte und widerstandsfähige Huhn eignet sich gut für die Haltung auf dem Land. Es hat weißes, sehr zartes und feines Fleisch. Das Gefieder ist ganz schwarz. Das Huhn hat einen Einzelkamm, mittelgroße Kehllappen und rote Ohrscheiben. Die Hennen sind Winterleger. Diese Rasse braucht Wiesen und viel Platz.

Steckbrief

Herkunft: Frankreich (Touraine)

Gewicht: 2,5–3 kg

Eier: durchschnittlich 65 g, hell rötlich-beige Schale, etwa 190 Stück pro Jahr

Houdan

Dieses recht große Haubenhuhn hat als Besonderheit eine fünfte Zehe. Houdans mögen keine feuchten Böden und benötigen einen überdachten Auslauf. Sie sind ruhig, freundlich und werden recht schnell zutraulich. Der typische Farbschlag ist schwarz-weiß-gescheckt. Houdans haben einen ausgeprägten Kinn- und Backenbart, einen Blätterkamm und eine prächtige Vollhaube; Kehllappen und Ohrscheiben sind kaum zu sehen.

Steckbrief

Herkunft: Frankreich (Yvelines, westlich von Paris)

Gewicht: 2,5 kg

Eier: durchschnittlich 65 g,
weiße Schale,
etwa 150 Stück pro Jahr

Marans

Diese Rasse stammt aus Marans (bei La Rochelle). Marans legen große, auffällig dunkelbraune Eier (»Schokoeier«). Feuchtigkeit vertragen sie besser als Kälte. Das Gefieder ist schwarz, der Kamm einfach, die Kehllappen sind mittelgroß und die Ohrscheiben rot. Marans haben einen guten Charakter und ein ruhiges Wesen.

Steckbrief

Herkunft: Frankreich (Poitou-Charentes)

Gewicht: 2,6–3,5 kg

Eier: durchschnittlich 70 g,
dunkelbraune Schale,
etwa 180 Stück pro Jahr

Wyandotten

Die Legeleistung dieser Rasse ist beinahe ebenso gut wie die der Leghorn-Hennen. Wyandotten sind sehr kälteresistent. Es gibt verschiedene Farbschläge; der ursprüngliche Farbschlag ist silber-schwarzgesäumt. Wyandotten haben einen Rosenkamm, mittelgroße Kehllappen und rote Ohrscheiben. Sie sind gute Winterleger.

Steckbrief

Herkunft: USA (Michigan)

Gewicht: 2,5–3 kg

Eier: durchschnittlich 50–60 g,
braune, mehr oder weniger helle Schale,
etwa 190 Stück pro Jahr

Rhodeländer

Die Rasse entstand aus einer Kreuzung asiatischer Hühnerrassen. Rhodeländer sind robuste Hühner mit guter Legeleistung. Mit ihrem »roten«, heute oft mahagonibraunen Gefieder sind sie sehr hübsch. Sie haben einen Rosen- oder Einfachkamm; Kehllappen und Ohrscheiben sind rot. Rhodeländer sind Winterleger.

Steckbrief

Herkunft: USA (Rhode Island)

Gewicht: 2,5–3 kg

Eier: durchschnittlich 55–60 g,
braune Schale,
etwa 200 Stück pro Jahr

Sussex

Sussex-Hühner gelten als gute Eierleger und Bruthennen. Sie sind ruhig, robust und bei Hühnerhaltern beliebt. Ihr Gefieder ist weiß-schwarzcolumbia. Der mittelgroße Einzelkamm ist flach, die Kehllappen sind rot, die Ohrscheiben weiß. Sussex-Hennen sind Winterleger.

Steckbrief

Herkunft: England (Sussex)

Gewicht: 3,2 kg

Eier: durchschnittlich 55 g, cremeweiße bis gelb-braune Farbe, etwa 200 Stück pro Jahr

Japanisches Seidenhuhn

Das Japanische Seidenhuhn ist ein kleines Huhn, von dem es auch eine Zwergform gibt. Es hat fünf Zehen und sehr dunkle, fast schwarze Haut. Das seidige Gefieder, dem es seinen Namen verdankt, kann neben weiß und schwarz heute manchmal auch andere Farben haben. Die Rasse stammt ursprünglich aus Ostasien. Den Kopf des Hahns ziert ein nach hinten gewandter Federschopf, bei der Henne ist dieser rund und buschig. Die Hennen sind sehr brutfreudig, legen jedoch nicht sehr viele Eier.

Steckbrief

Herkunft: Ostasien

Gewicht: 1,1–1,4 kg.

Eier: durchschnittlich 40 g, cremeweiße bis hellbraun Schale, etwa 100 Stück pro Jahr

Chabo

Das kurzbeinige Chabo-Zwerghuhn (früher auch »Japanisches Zwerghuhn«) stammt vermutlich aus Japan, auf jeden Fall aber aus Ostasien. Es ist beliebt und auch in Deutschland sehr verbreitet. Typisch für sein Gefieder ist der aufrecht getragene Schwanz, der den Kamm um etwa ein Drittel überragt.

Steckbrief

Ursprung: Ostasien

Gewicht: 0,5 kg

Eier: durchschnittlich 30 g,
weiße bis cremefarbene Schale,
etwa 100 Stück pro Jahr

Sebright

Diese Rasse ist weniger bekannt als die zuvor genannten, doch Sebrights sind wunderschöne Zwerghühner. Das Gefieder sieht aus, als wäre es kunstvoll mit Tusche gemalt. Die Hühner fliegen gern und gut, also Vorsicht, dass sie nicht türmen! Ihr Gefieder ist silber-schwarzgesäumt, und sie haben einen sehr kleinen Kamm. Sebrights sind gute Winterleger.

Steckbrief

Herkunft: England (Hertfordshire)

Gewicht: 0,5 kg

Eier: durchschnittlich 35 g,
weiße Schale,
etwa 100 Stück pro Jahr

Zwerg-Cochin

Zwerg-Cochins (früher Peking-Bantam) sind regelrechte kleine Federbälle. Sie sind friedlich, zutraulich und legen gut. Die Rasse soll um 1840 in Europa eingeführt worden sein, zuerst in England. Bei Hobbyzüchtern erfreut sie sich großer Beliebtheit.

Steckbrief

Herkunft: China

Gewicht: 0,7 kg

Eier: durchschnittlich 35 g,
beige Schale,
etwa 120 Stück pro Jahr

ARTGERECHTE HALTUNG

VOR DEM EINZUG DER HÜHNER

Es ist wichtig, dass Sie vor dem Hühnerkauf genau bedenken, wie viel Platz und welche Art der Unterbringung Sie den Hühnern bieten können, damit sie sich bei Ihnen wohlfühlen und ein passendes Zuhause haben.

WIE VIEL PLATZ?

Egal wo Sie leben, Sie können kein Huhn auf dem Balkon halten. Auch Hühner im Haus oder in der Wohnung zu halten, ist völlig ausgeschlossen. Hühner brauchen Platz, Auslauf auf der Wiese und Gelegenheit zum Scharren. Ihnen dies vorzuenthalten wäre Tierquälerei. Die Anzahl und Größe Ihrer Hühner wählen Sie je nach dem Platz, den Sie für Ihre Schützlinge zur Verfügung haben.

Wohnen Sie dicht an dicht mit Ihren Nachbarn? Gehen deren Fenster auf Ihren Garten hinaus? In Wohngebieten am Stadtrand können Sie Hühner halten, doch es gilt, ein paar Vorkehrungen zu treffen, um Anwohner, für die Naturgeräusche ungewohnt sind, nicht zu verärgern. Die Anwesenheit eines Hahns verbietet sich also (die Hühner legen auch ohne ihn Eier). Ohne Hahn sind auch die Hühner wesentlich leiser, obwohl sie natürlich gackern.

Damit es Ihren Hühnern gut geht, brauchen sie das ganze Jahr über Auslauf im Grünen. Rechnen Sie mit mindestens 20 m^2 Fläche pro Huhn, damit die Vegetation sich zwischendurch erholen kann. Vielleicht zäunen Sie einen Teil des Gartens ein, um den Bereich der Hühner beispielsweise vom Bereich Ihrer Kinder oder vom Gemüsegarten abzugrenzen.

Es gibt keine vorgeschriebene Mindestfläche für die Hühnerhaltung im eigenen Garten. Dennoch sollte der Bereich der Hühner mindestens 5 m von Ihrer Grundstücksgrenze und möglichst weit von den Nachbarhäusern entfernt liegen.

> Es ist möglich, verschiedene Geflügelarten im gleichen Bereich zu halten, doch bei wenig Platz wird dies schwierig: Jedes Tier muss sein Revier verteidigen können.

DAS KLIMA

Sie können in jeder Gegend die gleichen Hühner halten, ob Sie nun am Rande einer Großstadt leben, in den Bergen oder am Meer. Dennoch sind manche Hühnerrassen für bestimmte Klimazonen geeigneter. Kälte, Schnee, Hitze und Feuchtigkeit sind Faktoren, die es dabei zu berücksichtigen gilt.

Die Federn eines Huhns machen 5 % seines Gesamtgewichts aus, das ist viel! **Das Gefieder isoliert ausgezeichnet und schützt die Hühner vor Kälte.** Temperaturen von -10 °C vertragen sie problemlos. Falls Sie in extremen Klimazonen leben, müssen Sie Ihre Hühner jedoch im Warmen unterbringen, in einem Schuppen oder einer Garage, mit Fenster, damit Tageslicht hineinfällt und Zugang zum Auslauf. Ideal wäre in diesem Fall ein kleiner, gut isolierter Hühnerstall: Durch die Körperwärme der Hühner, heizt dieser sich rasch auf.

Das Gefieder der Hühner isoliert gut, schützt jedoch schlecht vor Feuchtigkeit. Ein leichter Schauer macht Hühnern nichts aus, ein großer Wolkenbruch hingegen schon. Sind sie über längere Zeit Feuchtigkeit ausgesetzt, steigt auch das Risiko für Infektionen. Falls Sie in einer sehr feuchten Klimazone leben, benötigen Ihre Hühner einen vor Regen geschützten Platz.

Wenn Sie in den Bergen leben, kann der möglicherweise über den gesamten Winter vorhandene Schnee lästig für die Hühner sein, da sie dadurch gezwungen sind, sich ausschließlich hüpfend oder stets nur auf demselben Weg an einer Mauer entlang fortzubewegen. **Leichtgewichtigere Hühner, die besser hüpfen können, haben mit Schnee weniger Probleme.**

Ihren Hühnern sollte stets ein Platz im Schatten und frisches Wasser zur Verfügung stehen.

Was Hühner am schlechtesten vertragen, ist Hitze! Die Umgebungstemperatur Ihrer Hühner müssen Sie sehr genau beobachten. Ihre Körpertemperatur liegt zwischen 40 und 42 °C; dadurch sind sie empfindlicher. Den Hühnern sollte stets ein Platz im Schatten und frisches Wasser zur Verfügung stehen. Wenn Sie in einer warmen oder heißen Klimazone leben, schützen Sie den gesamten Bereich der Hühner vor Hitze (Hühnerstall auf Stelzen, mit Wein oder anderen Grünpflanzen bewachsene Pergola, Sonnenschirm oder Sonnensegel).

WIE VIELE HÜHNER?

Je nach Rasse legt ein Huhn drei bis fünf Eier pro Woche und deckt damit den Bedarf einer Person. Mit dieser Faustregel können Sie berechnen, wie viele Hühner Sie halten möchten. Eine Familie mit zwei Kindern verbraucht leicht die von fünf Hühnern gelegten Eier. Berücksichtigen Sie jedoch unbedingt das Tierwohl: Wenn der zur Verfügung stehende Platz nur für eine geringere Anzahl Hühner ausreicht, müssen Sie eben noch Eier hinzukaufen.

WIE VIEL ZEITAUFWAND PRO TAG?

Die Versorgung der Hühner nimmt nicht viel Zeit in Anspruch. In der Regel geht man zweimal am Tag in den Hühnerstall, morgens, um die Tiere herauszulassen und für die Futter- und Wassergabe, abends, um sie wieder hineinzubringen, nach dem Rechten zu sehen und die Verriegelung zu kontrollieren. Das dauert nur wenige Minuten. Sind neue Hühner angekommen, benötigt man etwas mehr Zeit, da man sie gut beobachten muss. Bei vier Hühnern benötigen Sie morgens und abends jeweils mindestens 15 Minuten.

WAS DENKEN DIE NACHBARN?

Ein gutes Nachbarschaftsverhältnis ist entscheidend, um Konflikte oder sogar Anzeigen wegen Lärmbelästigung zu vermeiden. Sprechen Sie mit Ihren unmittelbaren Nachbarn, bevor Sie Hühner anschaffen; informieren Sie sie über Ihr Vorhaben und erklären Sie ihnen genau, welche Maßnahmen Sie ergreifen werden, um die Hühner sauber und ordentlich zu halten.

Suchen Sie nach Hühnerhaltern in Ihrer Umgebung und fragen Sie diese um Rat.

GESETZE ZUR HÜHNERHALTUNG

Bevor Sie loslegen und Hühner anschaffen, erkundigen Sie sich bei den örtlichen Behörden nach den geltenden Bestimmungen. Diese können unterschiedlich sein; beachten Sie vor allem die Satzung in Kleingartenvereinen – häufig ist darin Hühnerhaltung ausgeschlossen.

Bis zu einer gewissen Anzahl werden Hühner in der Regel als Haustiere angesehen!

Für die private Hühnerhaltung gelten andere Bestimmungen als für die kommerzielle, doch einige Regeln sind auch hier zu beachten (zum Beispiel Vorbeugung gegen Vogelgrippe, Melde- und Impfpflicht). Die Vorgaben sind sowohl in den behördlichen Bestimmungen, zum Beispiel in der Tierschutz-Nutztierhaltungsverordnung (TierSchNutzV) geregelt. Erkundigen Sie sich vorab bei Ihrer Kommune sowie gegebenenfalls nach den Bestimmungen innerhalb einer Wohneigentümergemeinschaft. Möglicherweise gibt es Einschränkungen oder sogar ein Verbot privater Hühnerhaltung.

- **Benötige ich eine Versicherung?** Wie alle Gegenstände und Personen müssen auch Hühnerstall und Tiere gegen durch sie verursachte Schäden versichert sein. Stellen Sie sich vor: Bei einem Unwetter fliegt das Dach Ihres Hühnerstalls weg und verletzt jemanden! Erkundigen Sie sich, welche Schäden durch Ihre Privathaftpflicht-, Haus- und Grundstücksversicherung abgedeckt sind. Denken Sie daran, sich auch gegen Diebstahl, Feuer- und Wasserschäden abzusichern.
- **Muss ich die Hühner anmelden?** Es ist in Deutschland verpflichtend, Hühner bei dem zuständigen Veterinäramt Ihres Landkreises und auch bei der Tierseuchenkassen anzumelden.
- **Muss ich ein Bestandsbuch führen?** Ein Bestandsbuch zu führen, ist in Deutschland auch für Hobby-Hühnerhalter gesetzlich vorgeschrieben. Darin werden etwa die Daten der Anschaffung oder Geburt von Tieren, Impfbescheinigungen, Belege über medizinische Behandlungen oder auch Todesfälle dokumentiert. Bestandsbücher sind im Buchhandel erhältlich; eine Kopiervorlage finden Sie auf Seite 146.

Merkblätter und Gesetzestexte zur Hobby-Hühnerhaltung werden in Deutschland von den Landesregierungen der einzelnen Bundesländer herausgegeben.

Hühnerhaltung in einer Wohneigentümergemeinschaft

Sie leben in einem Mehrparteienhaus, und im Hof oder Garten wäre Hühnerhaltung möglich? Machen Sie gemeinsame Sache!

1

Informieren Sie sich vorab

Informieren Sie sich, ob die geltenden Bestimmungen Ihrer Gemeinde und Ihrer Wohneigentümergemeinschaft die private Hühnerhaltung erlauben.

2

Bereiten Sie Ihre Argumente vor

Bevor Sie Ihren Nachbarn gemeinsame Hühnerhaltung vorschlagen, bereiten Sie ein Blatt mit Informationen vor: geeigneter Standort (Größe, Ausrichtung …), eine Auswahl wenig Lärm verursachender Rassen, Möglichkeiten der Fütterung ohne Schädlinge anzuziehen, Hygienemaßnahmen, die Vorzüge von eigenen Hühnern …

3

Trommeln Sie die Nachbarn zusammen

Unterbreiten Sie Ihren Vorschlag allen Nachbarn, entweder auf einer Eigentümerversammlung oder im inoffiziellen Rahmen. Übergehen Sie niemanden (auch keine Mieter). Wenn alle einverstanden sind, können Sie eine Abstimmung durchführen und gemeinsam mit der Organisation beginnen.

4

Wer möchte sich beteiligen?

Auch wenn in einer Eigentümergemeinschaft alle einverstanden sind, möchte sich vielleicht nicht jeder an dem Projekt beteiligen. Befragen Sie alle Parteien und treffen Sie sich mit denen, die aktiv mitarbeiten wollen.

5

Organisieren Sie sich

Organisieren Sie mit den Hühnerhaltern in spe ein gemütliches Treffen, bei dem Sie festlegen, wer welche Aufgaben übernehmen kann. Hier eine Liste zu beantwortender Fragen:

Wie viel Geld steht zur Verfügung?

Wo soll der Hühnerstall stehen?

Wie viele Hühner? Welche Rassen?

Wer soll die Hühner kaufen?

Wie sollen die Hühner heißen?

Welche Art Hühnerstall? Aus welchem Material? Wer kümmert sich darum?

Wer kümmert sich um die Einzäunung des Hühnerhofs?

Wer kauft das Rohmaterial ein?

Wer lässt die Hühner morgens heraus, wer schließt sie abends ein?

Wo/wie können geeignete Gemüseabfälle gesammelt werden?

Wer füttert die Hühner? Zu welchen Zeiten?

Wer übernimmt die tägliche und jährliche Reinigung? An welchem Tag?

Wie werden die Eier verteilt?

Erstellen Sie so eine »Satzung« für Ihren Hühnerhof.

BAU UND EINRICHTUNG DES HÜHNERSTALLS

Hühner brauchen einen Ort, an dem sie vor Unwetter (Regen, Schnee…) und eventuellen Fressfeinden geschützt sind. Er muss sauber und artgerecht gestaltet sein: trockener Boden, ausreichende Belüftung, keine Zugluft.

WELCHER HÜHNERSTALL?

Die Größe des Hühnerstalls hängt natürlich von der vorgesehenen Hühnerzahl ab: Rechnen Sie etwa 0,5 bis 1 m^2 Bodenfläche pro Huhn. Der Stall muss Legenester haben, in denen die Hühner ihre Eier legen, außerdem Sitzstangen, auf denen sie die Nacht verbringen, und ein Kotauffangsystem unter den Stangen.

Im Fachhandel sind verschiedene Arten von Hühnerställen erhältlich. Fix und fertig oder als Bausatz angebotene Modelle enthalten in der Regel alle benötigten Materialien. Wenn Sie jedoch handwerklich ein wenig begabt sind, können Sie Ihren Hühnerstall auch selbst bauen oder einen vorhandenen Verschlag ausbauen. Praktisch ist ein an den Stall angrenzender kleiner Abstellraum für Gerätschaften und Futter. Beachten Sie das Baurecht Ihrer Gemeinde. Mobile Ställe können in der Regel ohne Genehmigung aufgestellt werden.

Wenn auf Ihrem Grundstück ein alter Schuppen vorhanden ist, der ausreichend isoliert, trocken und zugfrei ist und Zugang zum Auslauf bietet, verwandeln Sie ihn in einen Hühnerstall!

WO SOLL DER STALL STEHEN?

Der Standort muss trocken und gut drainiert sein. Vermeiden Sie sumpfige Stellen, die Nähe zu Gewässern sowie zu feuchte oder ausschließlich schattige Orte. Auch die Ausrichtung des Hühnerstalls ist wichtig: Der Stall muss vor kräftigem Wind geschützt stehen (Wetterseite beachten) und darf nicht zu stark der Sonne ausgesetzt sein. In gemäßigten Klimazonen ist eine Ausrichtung nach Osten ideal, da die Hühner durch das Licht der aufgehenden Sonne wach und aktiv werden. Eine Ausrichtung nach Norden ist ungeeignet, nach Süden oder Westen hingegen möglich.

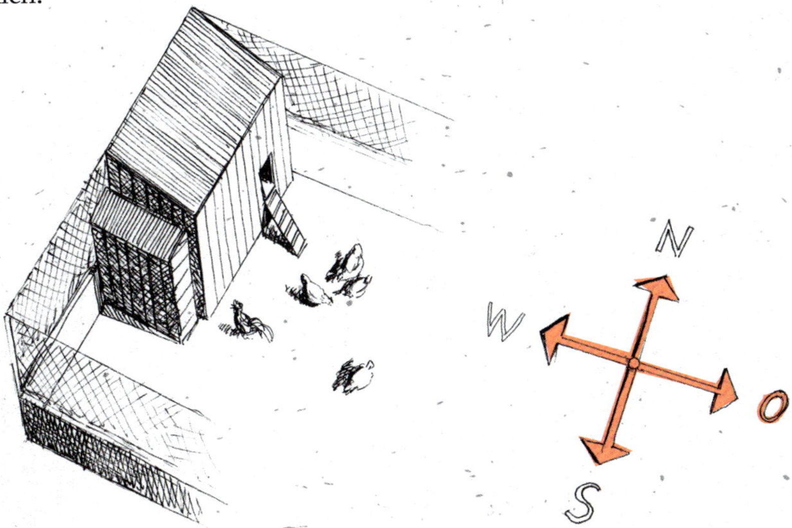

WELCHES MATERIAL?

Der Hühnerstall kann aus Holz oder aus stabilerem Material wie Hohlblock- oder Ziegelsteinen gebaut werden. Thermoholz lasst sich leicht verarbeiten, doch ist es manchmal weniger haltbar als ein gemauerter Stall. Der Hühnerstall sollte keine schwer zugänglichen und schlecht zu reinigenden Ecken haben, die eine Infektionsquelle darstellen oder in denen sich Mikroben oder Parasiten einnisten könnten.

Achten Sie darauf, auch die kleinsten Ritzen und Verbindungen sorgfältig zu verschließen – auch bei Holz! Gemauerte Ställe werden mit Zement oder Kalk verputzt. Behandeln Sie Holz jährlich mit einem Insektizid.

Am Ende jedes Winters empfiehlt es sich, das Holz zum Schutz vor Witterungseinflüssen mit einer oder zwei Schichten Leinöl zu streichen. Ein Zementboden mit einer leichten Neigung zur Tür hin erleichtert die Reinigung und Desinfektion, da das Putzwasser und die Ausscheidungen der Hühner nach draußen abfließen.

DAS DACH

Das Dach des Hühnerstalls wird mit Dachziegeln oder Schiefer oder auch mit Dachpappe oder Bitumenwellplatten gedeckt. Die Dachabdeckung muss auf jeden Fall gut befestigt sein. Die Übergänge zwischen Dach und Wänden müssen mit Gips oder einer anderen Spachtelmasse sorgfältig verschlossen werden, damit durch die Lücken keine Fressfeinde eindringen können.

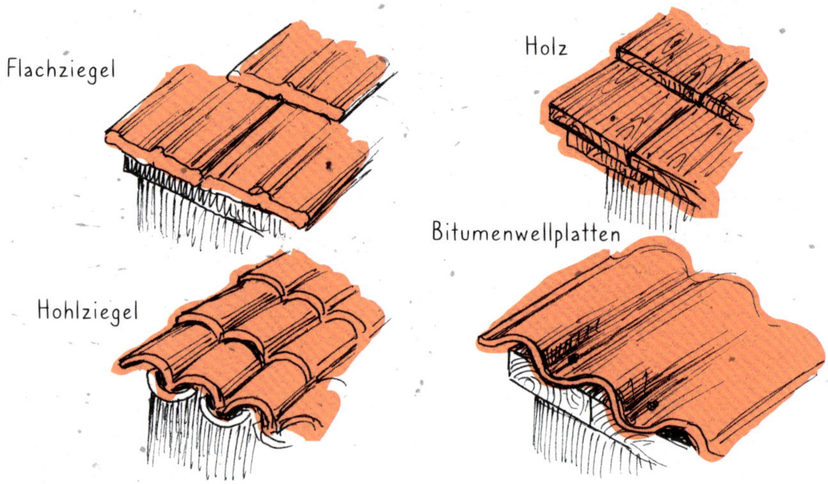

Das Dach kann eine oder zwei Dachflächen haben. Meist haben auch größere Hühnerställe nur eine Dachfläche, ein Pultdach mit leichter Neigung. Manche Hühnerhalter ziehen vor, dass die höchste Partie des Dachs sich an der Rückseite des Stalls befindet, damit im Inneren dort mehr Höhe für die Sitzstangen zur Verfügung steht. An der Vorderseite befindet sich oft ein Fenster. Diese Art Stall ist für die Hühnerhaltung sehr geeignet. Das Dach muss einen leichten Überstand und am besten eine Dachrinne haben, damit der Boden um den Hühnerstall bei starkem Regen nicht aufweicht.

Vermeiden Sie Metallbleche. Dieses Material ist zwar billig und leicht anzubringen, doch es isoliert schlecht: Im Sommer speichert es die Wärme, und im Winter lässt es die Kälte eindringen. Verwenden Sie zur Isolation ein beliebiges im Fachhandel erhältliches Dämmmaterial.

Der ideale Hühnerstall

Die Konstruktion eines Hühnerstalls für mehrere Hühner ist recht einfach: auf der einen Seite die Nester, auf der anderen die Sitzstangen. Futternäpfe und Tränken stehen am besten im Gehege außerhalb des eigentlichen Stalls.

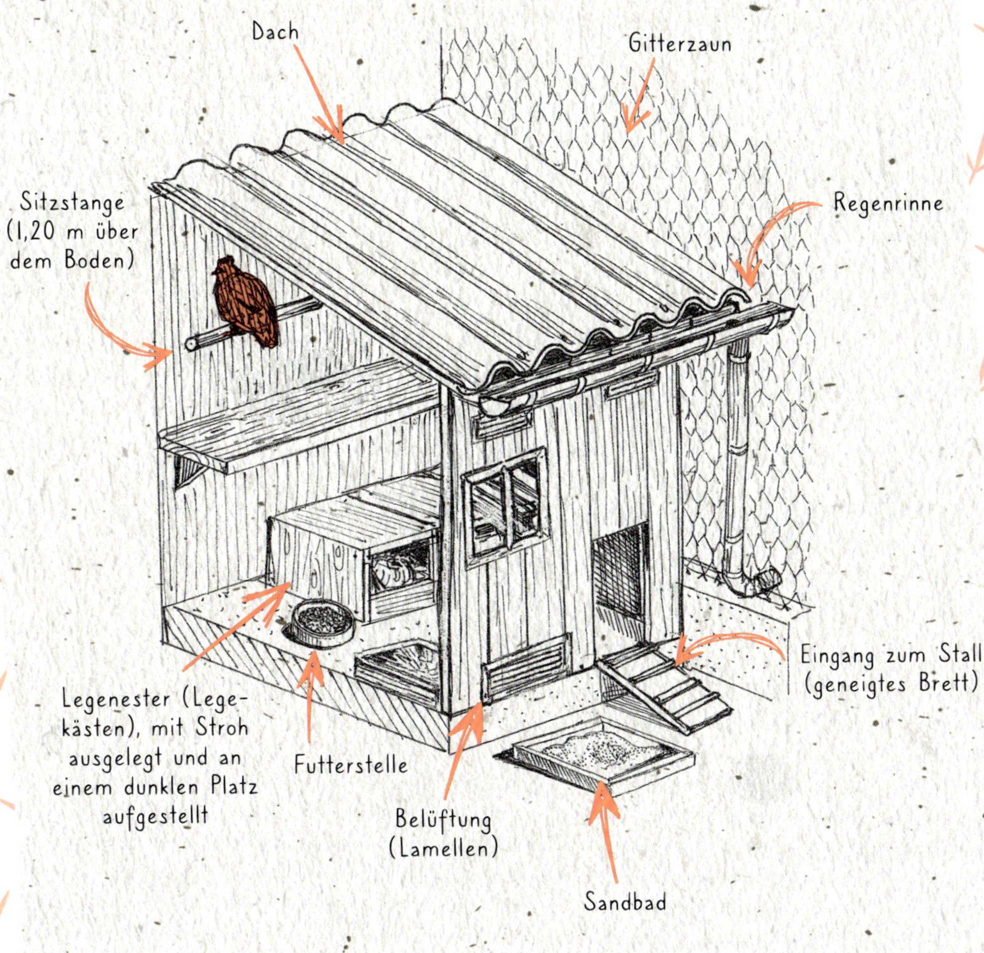

BELÜFTUNG

Für ein gesundes Stallklima muss der Hühnerstall durch gezielt platzierte Öffnungen gut belüftet werden. Bringen Sie dazu Lüftungsgitter an: direkt über dem Boden für die Frischluftzufuhr sowie weiter oben zum Abzug der verbrauchten Luft. Lüftungsgitter sind kleine, meist rechteckige Öffnungen mit Lüftungsschlitzen; sie sind meist relativ schmal (10–20 cm hoch) und lang (1/3 der Länge des Hühnerstalls).

Bei sehr heißem Wetter mit feuchterer Luft ist es besonders wichtig, die Einstreu täglich zu kontrollieren, da diese möglicherweise durch Gärung zu verrotten beginnt. Dieser Zersetzungsprozess wird durch Mikroorganismen verursacht: Diese verwerten organische Abfälle und wandeln sie in einfachere Stoffe um (Kohlendioxid, Ammoniak, Methan…), die ab einer gewissen Menge schädlich für die Hühner sind. Abhilfe können Sie ganz einfach schaffen, indem Sie den Hühnerstall besser belüften, damit die Feuchtigkeit verdunstet.

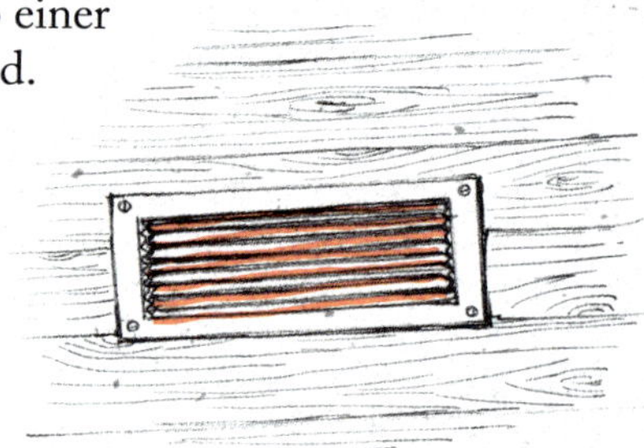

BELEUCHTUNG

Hühner benötigen kein Kunstlicht. Ist es im Frühjahr heller, regt dies die Hühner zum Legen an. Nach der Mauser im Herbst muss der Hühnerhalter Geduld haben: Die Legereife der zu Beginn des Sommers geschlüpften Hühner beginnt erst gegen November, doch die Hühner legen nur bei ausreichender Helligkeit.

Daher ist es sinnvoll, den Hühnerstall genau nach Osten auszurichten: So wird es ab dem Sonnenaufgang hell im Stall. Für abendliche Besuche im Stall oder zum Saubermachen verwenden Sie eine Handlampe oder Stirnlampe. Falls Sie elektrisches Licht installieren, schützen Sie die Kabel mit einem Kabelkanal außer Reichweite der Hühner – sonst würden sie Löcher hineinpicken.

Für professionelle Hühnerhalter ist das Tageslicht allein nicht ausreichend; sie müssen daher in ein Beleuchtungssystem (Lichtprogramm) investieren.

LEGENESTER (LEGEKÄSTEN)

Man rechnet ein Legenest für drei Hühner. Dieser Richtwert sollte an die Gesamtzahl der gehaltenen Hühner angepasst werden. Bei sechs Hühnern wären drei Legenester nicht zu viel, da ein Huhn, das Eier legt, die anderen Hühner ebenfalls zum Legen anregt. Sparen Sie daher nicht an der Anzahl der Legenester.

Damit die Hühner dort ihre Ruhe haben, stellen Sie die Legenester am dunkelsten Platz im Stall auf – niemals unter einem Fenster. Legen Sie sie mit Stroh aus, das Sie häufig wechseln. Auch Dinkelspelzen eignen sich zum Auspolstern.

Ein Legekasten ist nicht unbedingt geschlossen, er kann auch offen sein. Einfache Kisten oder alte Schubladen erfüllen ihren Zweck. Im traditionellen Hühnerstall bestehen die Legekästen aus Holz, manchmal auch aus Zement, und werden an einer Seite des Stalls übereinander angebracht. Falls Sie nur sehr wenige Hühner haben, genügen an drei Seiten geschlossene, nach vorne offene oder halb offene Holzkisten mit festem Boden und einem Dach. Im Fachhandel finden Sie auch Legenester aus verzinktem Metall.

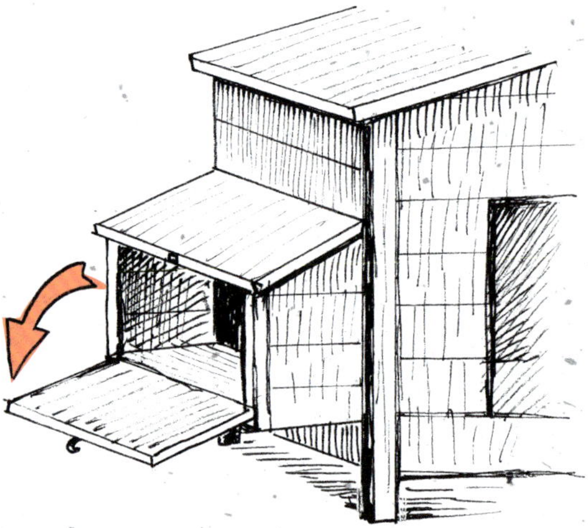

Etwas ausgeklügeltere Hühnerställe ermöglichen es dem Halter, durch eine Klappe von außen auf die Legenester zuzugreifen. So muss man zum Einsammeln der Eier den Stall nicht betreten. Bei noch ausgefeilteren Systemen werden die Eier automatisch »eingesammelt«, indem sie über den leicht geneigten (ca. 15°) Boden des Legenests nach außen rollen. In jedem Fall muss vor dem erhöhten Legenest eine Sitzstange oder ein schmales Brett angebracht werden, über das die Hühner bequemen Zugang zum Nest haben.

SITZSTANGEN FÜR DIE NACHT

Die Sitzstangen aus Holz können leicht selbst gebaut werden: Verwenden Sie dafür Vierkantleisten mit abgerundeten Kanten, 5 bis 7 cm breit, damit die Hühner bequem darauf sitzen können. Bringen Sie die Stangen hoch genug an, in der Regel 1,20 m über dem Boden. Rechnen Sie pro Huhn 25 cm Stangenbreite.

Um Streitigkeiten zwischen den Hühnern zu vermeiden, die am liebsten alle weit oben sitzen möchten, bringen Sie mehrere Sitzstangen (mindestens zwei) in unterschiedlicher Höhe an. Die oberste Sitzstange muss aber so breit sein, dass alle Hühner darauf Platz haben. Wenn Sie sechs Hühner haben, sollte die Stange also 1,50 m breit sein. Bei Platzmangel bringen Sie zwei kürzere Stangen in der gleichen Höhe an, um auf die benötigte Gesamtlänge zu kommen.

Sitzstangen für Zwerghühner sollten einen Durchmesser von 2,5–4 cm haben und in 30–40 cm Höhe angebracht werden.

VORBEREITUNG DES HÜHNERSTALLS

Bevor die Hühner eintreffen, bereiten Sie im Stall alles vor.

EINSTREU

Den Stallboden mit einer Einstreu zu versehen ist nicht unbedingt notwendig, aber praktisch. Auch für die Hühner ist es vorteilhaft, zum Beispiel zur Temperaturregulierung. Die Einstreu isoliert gegen Kälte, verhindert, dass die Hühner direkten Kontakt mit dem nackten Boden haben, der oft einfach aus gestampfter Erde besteht, und sie nimmt die Ausscheidungen der Hühner sowie eventuell verschüttetes Wasser aus den Tränken auf.

Es gibt verschiedene Arten von Einstreu, die alle ihre Vor- und Nachteile haben:

- **Getreidestroh oder Heu** sind am gebräuchlichsten und überall leicht erhältlich – fragen Sie etwa direkt bei einem Landwirt nach. Für bessere Saugfähigkeit und weniger Abfall können Sie Häckselstroh/Strohmehl/Strohpellets verwenden.
- **Lein- oder Hanfhäcksel** ist ebenfalls sehr praktisch, jedoch oft teurer.
- **Sägemehl** ist eine interessante Alternative, wenn Sie in der Nähe eines Sägewerks wohnen.
- **Sand** ist die preisgünstigste Einstreu. Er ist praktisch, da er Feuchtigkeit sehr gut absorbiert und ganz natürlich gegen Milben wirkt (diese können sich darin nicht einnisten).

Die Schicht der Einstreu sollte bei jedem Material etwa 10 cm dick sein (nie dünner als 5 cm). Kontrollieren Sie die Einstreu täglich und sorgen Sie dafür, dass sie stets trocken ist, entweder durch Auswechseln feuchter Partien oder durch einen Austausch der gesamten Einstreu.

PFLEGE DER BODENEINSTREU

Die Einstreu wird durch den normalen täglichen Gebrauch oder auch durch bestimmte Umstände verschmutzt, zum Beispiel, wenn die Hühner Verdauungsprobleme haben und ihre Ausscheidungen flüssig sind, sodass die Einstreu verklumpt. Ein häufiger Wechsel der Einstreu sorgt für gute Stallhygiene und verhindert die Ausbreitung von Parasiten und anderem Ungeziefer.

- Verschmutzte Einstreu kann bei den Hühnern **Erkrankungen der Atemwege** auslösen, da sich dadurch womöglich ein Schimmelpilz, *Aspergillus fumigatus*, ausbreitet, der bereits in der Einstreu vorhanden sein kann (vor allem bei Stroh). Lagern Sie das Stroh unbedingt an einem trockenen Platz!
- Eine schlecht gepflegte Einstreu ist eine **Brutstätte für Bakterien**. Auch Salmonellen, die von Ratten oder Mäusen (gesunden Trägern) eingeschleppt werden, können sich so ausbreiten und die Hühner infizieren.
- Durch feuchte Einstreu können sich **kleine Fissuren (Risse) oder Ballenabszesse unter den Füßen der Hühner** bilden.

EINSTREU IN DEN LEGENESTERN

Die Einstreu in den Legenestern hat eine andere Funktion als die auf dem Boden: Sie sorgt dafür, dass die Hühner es beim Eierlegen bequem haben. Oft wird hierfür gewöhnliches Stroh verwendet. Falls Sie Gelegenheit haben, Blätter von Farnkraut zu sammeln, ist dies ebenfalls ideal!

DAS STAUBBAD

Ein Staubbad oder Sandbad im Hühnerhof aufzustellen, ist eine gute vorbeugende Maßnahme gegen Parasiten. Die Hühner stauben sich ein, um ihr Gefieder zu pflegen und überschüssiges Fett zu entfernen. Eine 0,5 m² große Wanne genügt für zwei bis drei Hühner. Stellen Sie das Staubbad stets vor Feuchtigkeit geschützt auf – bei einem auf Stelzen gebauten Stall in der Regel unter dem Stall. Befüllen Sie das Staubbad mit feinem Sand, Holzasche und einer Tasse Kieselgur.

DER AUSSENBEREICH DES HÜHNERSTALLS

Hühner haben einen natürlichen Bewegungsdrang. Im Idealfall ist der Hühnerstall daher von einem ringsum (auch oben!) vergitterten Bereich umgeben, der einer Voliere ähnelt und in dem sie vor Fressfeinden geschützt herumspazieren können. Auch auf einer größeren Wiese fühlen Hühner sich sehr wohl: Dort können sie verschiedenen Beschäftigungen nachgehen, zum Beispiel Scharren und Picken, um nach Würmern oder Larven zu suchen.

DAS GEHEGE

Das Außengehege muss so hoch sein, dass Sie es betreten können, also mindestens 2 m. Ein mindestens 20 cm tief im Boden befestigter Gitterzaun verhindert, dass Fressfeinde eindringen können.

Die Fläche des Geheges sollte mindestens 10 Quadratmeter groß sein – ideal sind 2 Quadratmeher pro Huhn.

Der Hühnerstall steht am besten direkt am Eingang des Geheges, damit Sie zum Betreten des Stalls und zum Einsammeln der Eier möglichst kurze Wege haben.

Falls in Ihrem Gehege kein Gras wächst, können Sie einen Kasten oder ein eingerahmtes Beet mit Gras anlegen. Beetrahmen finden Sie fertig im Gartenhandel, oder Sie zimmern sie selbst aus alten Brettern. Der Trick besteht darin, das Beet zu zwei Dritteln mit Erde zu befüllen, Gras einzusäen (oder zu warten, bis es von selbst wächst) und anschließend mit einem Gitter abzudecken, damit die Hühner nicht im Boden scharren können. So haben sie das ganze Jahr über frisches Gras.

DER AUSLAUF

Hühner lieben eine Wiese als Auslauf, doch es geht auch ohne. Falls Sie zu wenig Platz haben, genügt notfalls ein großes Gehege. Unter Auslauf versteht man eine größere grasbewachsene Fläche (eingezäunt oder nicht), die direkt an den Hühnerstall angrenzt. Dort können die Hühner ihren Bedürfnissen entsprechend ausgiebig scharren und picken. Um dem Tierwohl gerecht zu werden, sollten private Halter ihren Hühnern daher nach Möglichkeit einen Auslauf anbieten.

Für einen Auslauf gibt es verschiedene Möglichkeiten:

- **Der unbegrenzte Auslauf** (ohne Einzäunung) ist möglich, wenn Sie einen abgeschlossenen Garten ohne Gemüsegarten und Blumenbeete haben.
- **Der halboffene Auslauf** (mit leicht zu öffnender Umzäunung): Während Ihrer Abwesenheit sind die Hühner innerhalb der Umzäunung in Sicherheit, doch wenn Sie da sind, können Sie die Umzäunung öffnen und die Hühner können unter Ihrer Aufsicht frei herumlaufen.
- **Der Auslauf mit fester Einzäunung** ist die gängigste Variante. Achten Sie dabei darauf, dass die Hühner mehr Platz haben als unbedingt nötig.
- **Der Auslauf mit mobiler Einzäunung** und einem mobilen Hühnerstall ist oft ideal, vorausgesetzt, man hat nicht zu viele Hühner.

Vor der Einrichtung eines Auslaufs ist zu bedenken:

- **Die Größe des Auslaufs:** Diese hängt natürlich von Ihren Gegebenheiten ab. Dennoch ist eine Mindestgröße notwendig, damit die Hühner sich wohlfühlen und das Gras wieder nachwachsen kann. Rechnen Sie etwa 20 m^2 für ein großes Huhn und 10 m^2 für ein kleines. Damit die Hühner auch etwas Schatten haben, um sich auszuruhen, sind Bäume von Vorteil, sogar kleine Obstbäume oder auch Büsche wie etwa Johannisbeersträucher.
- **Offen oder eingezäunt:** Der Auslauf kann völlig frei oder von einem Zaum umgeben sein. Ist der Auslauf völlig offen und lediglich durch natürliche Barrieren wie eine Hecke oder eine Straße begrenzt, nennt man dies unbegrenzten Auslauf. Diese Form hat einen Nachteil: Die Hühner können »ausbüxen« und es kann ihnen alles mögliche zustoßen. Daher ist es vor allem am Stadtrand zu empfehlen, zumindest einen Teil des Auslaufs einzuzäunen. Dies entspricht der sogenannten Freilandhaltung.
- **Die Höhe der Umzäunung:** Diese hängt von der Größe der Hühner ab. Bei mittelgroßen Rassen ist eine Umzäunung von 1 m Höhe völlig ausreichend. Bei größeren oder flugfreudigeren Hühnern sollte der Zaun hingegen mindestens 2 m hoch sein.

Die Hühner und der Gemüsegarten

Wenn Sie einen Garten und Hühner haben, müssen Sie vielleicht manchmal Kompromisse eingehen. Doch wie können beide Seiten voneinander profitieren, sodass Sie sowohl einen üppigen Gemüsegarten als auch kerngesunde Hühner haben?

Hühnermist als Dünger

Ausscheidungen von Hühnern sind sehr stickstoffhaltig und könnten bei falscher Verwendung Wurzeln beschädigen. Dosiert und mit Kompost vermischt sind sie jedoch ein ausgezeichneter Dünger.

Wenn Sie den Hühnerstall ausmisten, denken Sie daran, den Mist und die organische Einstreu auf Ihren Komposthaufen zu werfen. Achtung, wenn ein Huhn krank ist, müssen Sie den Mist entsorgen.

Grünabfälle verwandeln sich in Eier

Ist Ihr Garten chemiefrei, sind verrottendes Laub, welke Pflanzen und wurmstichiges Fallobst für Ihre Hühner ein Festmahl!

Hühner und Gemüsegarten: besser getrennt

Auch wenn die Kombination Hühner und Gemüsegarten interessant ist – Hühner nach Belieben darin herumlaufen zu lassen, ist keine gute Idee: Sie würden überall scharren und junge Pflänzchen ausreißen. Und für Ihren Salat und andere zarte Blätter würden sie sich auf jeden Fall mehr interessieren als für das Unkraut!

Nicht genug Platz für beide

Wenn Sie Ihre Hühner frei im Garten laufen lassen möchten, zäunen Sie die Fläche für Ihre Gemüsebeete ein. So können die Hühner nach Belieben herumstromern, ohne Ihre Pflänzchen zu zerstören.

Unkraut jäten und den Boden vorbereiten

Ihre Hühner scharren für ihr Leben gern – so bereiten sie den Gartenboden optimal für Sie vor.

Ideal dafür ist, sie im Winter nach draußen zu lassen, wenn der Gemüsegarten nichts mehr zu befürchten hat. So sind die Hühner glücklich und leisten hervorragende Arbeit – im Frühling brauchen Sie nur noch zu säen.

Die zahlreichen Hinterlassenschaften der Hühner werden im Laufe des Winters vom Boden aufgenommen und stellen einen ausgezeichneten Dünger dar – 100 % bio!

Ein mobiler Hühnerstall

Falls Sie nur wenige Hühner und begrenzten Platz haben, eignet sich ein mobiler Hühnerstall – eine platzsparende Art, den Hühnern stets frisches Gras zur Verfügung zu stellen. In den »abgegrasten« Bereichen können Sie dann Gemüse anpflanzen.

Hühner im Obstgarten

Unter Ihren Obstbäumen können Sie die Hühner ruhig laufen lassen, sie interessieren sich nur für das Fallobst. Vorsicht jedoch bei kleineren Obststräuchern (etwa rote oder schwarze Johannisbeeren): Die Beeren, an die die Hühner herankommen, fressen sie gern ab – aber auch das Unkraut unter den Sträuchern.

AUSSTATTUNG: DER FUTTERBEREICH

Um ausgewachsene Hühner zu halten, benötigen Sie nur eine einfache Ausstattung – Futternäpfe und Tränken in einer für Rasse und Anzahl der Hühner passenden Größe. Für die Aufzucht von Junghühnern oder Küken muss die Größe natürlich angepasst werden. Wählen Sie möglichst einfache Modelle, die sich gut reinigen lassen und groß genug sind, sodass es an Futtertrog und Tränke keinen Streit unter den Hühnern gibt.

DER FUTTERTROG

Eine gute Ernährung der Hühner ist wichtig, damit sie zuverlässig Eier legen. **Futtertröge und Tränken müssen im Stall und/oder Gehege so aufgestellt werden, dass die Hühner jederzeit gut herankommen.** Im Fachhandel gekaufte oder selbst gebaute Tröge müssen mindestens die Futtermenge für einen Tag fassen. Ein Futterautomat ist interessant, wenn Sie einmal mehrere Tage weg sind. Der Trog oder Napf sollte stabil sein, damit die Hühner ihn nicht umwerfen können, und auf einer ebenen Unterlage stehen.

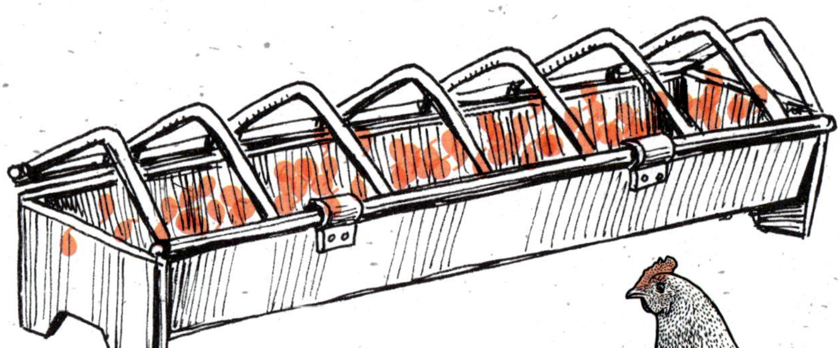

Futtertrog: Futterrinne

Es gibt verschiedene für die Hühnerhaltung geeignete Futtertröge.

- Verwenden Sie einen **zylindrischen Futterautomat** oder eine **Futterrinne.** Futterautomaten mit einem Volumen von 5 Litern sind meist ausreichend. Sie sind oft praktischer als Futterrinnen, da sie weniger Platz brauchen.
- Bei **Futterrinnen** rechnen Sie 10–15 cm Breite pro Huhn. Futterrinnen sind meist 1–2 m lang.
- Sie können auch **Futterstellen im Außengehege** einrichten, damit die Hühner zum Fressen nicht in den Stall gehen müssen. In diesem Fall sollten die Tröge vor Regen geschützt unter einem Dach stehen.

Lagern Sie das Futter in wasserdichten Behältern, sodass es vor Feuchtigkeit und auch vor Mäusen und anderen Schädlingen geschützt ist.

DIE TRÄNKE

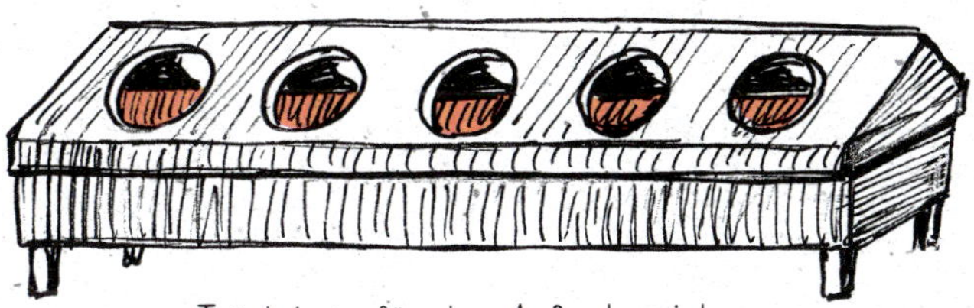

Tränkrinne für den Außenbereich

Man könnte sich mit einem einfachen Kochtopf oder einer alten Schüssel begnügen. Jedoch ist dies nicht zu empfehlen, da das Trinkwasser darin durch alles mögliche verschmutzt werden kann. **Damit die Hühner sauberes Trinkwasser haben und gesund bleiben, müsste das Wasser mindestens ein- bis zweimal täglich gewechselt werden.** Praktischer sind im Fachhandel erhältliche Geflügeltränken (Rinne oder Stülptränke).

Die Tränke aus Kunststoff oder verzinktem Metall wird am besten im Außenbereich (Gehege) des Stalls aufgestellt, um Feuchtigkeit im Stall – durch Verdunstung oder Umkippen – zu vermeiden.

Im Außenbereich können auch längliche Tränkrinnen aufgestellt werden.

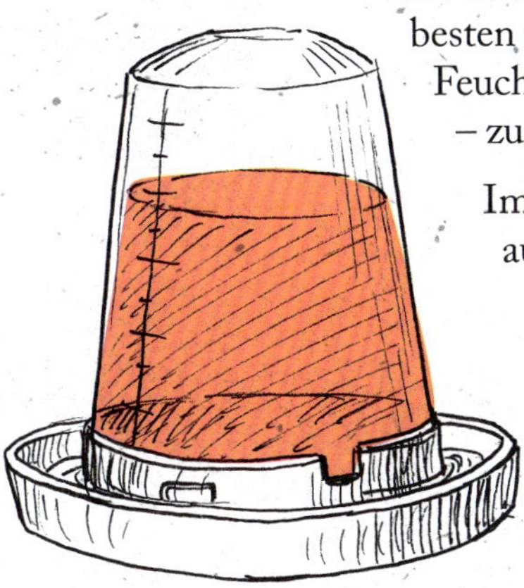

Stülptränke, ideal für Küken oder Zwerghühner

REINIGUNG UND HYGIENE

Damit die Hühner gesund bleiben, sollte der Stall wöchentlich gereinigt werden. Verwenden Sie das benötigte Material ausschließlich für den Hühnerstall.

REINIGUNGSMITTEL

Es gibt verschiedene natürliche Reinigungsmittel, die für gute Sauberkeit sorgen.

- **Schmierseife** reinigt gut und wirkt insektizid.
- **Kernseife** ist ebenfalls ein wirksames Reinigungsmittel.
- **Essigreiniger** wirkt desinfizierend.
- **Löschkalk** schützt vor Feuchtigkeit und damit vor Parasiten.

MATERIAL

Für die Reinigung des Hühnerstalls benötigen Sie eine Grundausstattung.

- ein Paar **Handschuhe** und **Gummistiefel** zum Reinigen des Hühnerstalls und zum Umgang mit kranken Hühnern,
- eine **Bürste** und einen Besen für Boden und Wände des Stall
- einen **Handspachtel** oder Kotkratzer (unverzichtbares Hilfsmittel zur Reinigung der am stärksten verschmutzten Bereiche, etwa der Sitzstangen)
- einen **Bodenschaber** oder Spachtel mit Stiel zur Reinigung des Bodens
- einen **Schneeschieber** (sehr praktisch) zum Entfernen alter und Verteilen neuer Einstreu
- einen **Rechen** und/oder eine Grillzange zur groben Entfernung von Kot
- eine **Sprühflasche** mit Desinfektionsmittel (stets in Reichweite)
- einen **Eimer**

Checkliste vor dem Hühnerkauf

Bereiten Sie vor dem Einzug Ihrer zukünftigen Untermieter alles für deren Ankunft vor.

Sie brauchen:

1. Einen funktionalen Hühnerstall
2. Einen ausreichend großen, gesicherten Auslauf
3. Die notwendige Ausstattung (Futtertröge, Tränken...)
4. Einen Futtervorrat (Körner, grobePellets)
5. Einen Vorrat an Einstreu
6. Material zur Reinigung

DER HÜHNERKAUF

Die Auswahl der Hühner ist ein entscheidender Schritt zu Beginn der Hühnerhaltung. Ausgewachsene oder junge Hühner? Hybridhuhn oder Rassehuhn? Anfänger werden sich eher für ausgewachsene Hühner entscheiden, deren Haltung einfacher ist. Jedes Huhn – gleich welchen Alters – muss genau untersucht werden, um seinen Gesundheitszustand zu beurteilen und festzustellen, ob es Parasiten hat. Auch der Impfstatus muss überprüft werden.

WANN IST DER BESTE ZEITPUNKT?

Es gibt kein ideales Datum zum Beginn der Hühnerhaltung, da Hühner ganzjährig gehalten werden. Dennoch empfiehlt sich für den Beginn der Frühling oder Sommer, da Sie so einfacher Zeit draußen verbringen können, um Ihre neuen Hühner zu beobachten und sich an ihnen zu erfreuen. Die längere Sonnenscheindauer beeinflusst auch das Legeverhalten – falls Sie also rasch eigene Hühnereier genießen wollen, nutzen Sie die hellere Jahreszeit. Hühner beginnen ab dem Frühjahr, Eier zu legen; nur sehr gute Legehennen wie die Weißen Wyandotten beginnen damit bereits im Winter, direkt nach der Mauser.

JUNGE ODER ERWACHSENE HÜHNER?

Wenn Sie mit der Hühnerhaltung beginnen, sollten Sie ausgewachsene Hühner kaufen, da bei deren Haltung weniger Fehler passieren können. Als Einsteiger können Sie sich so zunächst an die täglichen Arbeiten gewöhnen. An schwierigere Aufgaben wie die Aufzucht von Küken können Sie sich später heranwagen. Ein ausgewachsenes Huhn legt außerdem sofort Eier: Hühner beginnen bereits ab einem Alter von 5 Monaten zu legen.

Sie können auch 8 Wochen alte Junghühner kaufen, die keine zusätzliche Wärme (Brutkasten/Wärmeplatte) mehr benötigen, da ihr Gefieder bereits vollständig ist.

WO KANN MAN HÜHNER KAUFEN?

- **Vereinzelt auf Bauern- oder Wochenmärkten.** Diese haben sich jedoch mit den veränderten Konsumgewohnheiten und auch aufgrund von Hygienevorschriften sehr gewandelt (nach dem Auftreten der Vogelgrippe in Europa in den Jahren 2005–2006 wurde der Handel mit lebendem Geflügel auf Märkten stark eingeschränkt oder sogar verboten). Außerdem finden sich kaum noch junge Züchter, die auf Märkten verkaufen.

In den meisten Fälllen sind die Züchter seriös und passioniert.

- **In Fachmärkten für Landhandel** oder bei landwirtschaftlichen Genossenschaften. Leicht zu finden für Städter, die frisch aufs Land gezogen sind.
- **Bei privaten Hühnerzüchtern.** Der Kauf von Rassehühnern bei einem kompetenten Züchter in der Nähe ist verbreitet und zu empfehlen. Vor dem Kauf kann man sich über die Seriosität des Züchters informieren. Adressen finden Sie bei regionalen und überregionalen Geflügelzuchtvereinen.
- **Auf einer Geflügelmesse** (dort findet man in erster Linie Rassehühner).
- **Auf dem Kleintiermarkt** eines Geflügelzuchtvereins.
- **Im Internet.** Auch wenn der Onlinehandel in vielen Bereichen floriert, ist der Verkauf von lebendem Geflügel hier wenig verbreitet. Dennoch findet man hin und wieder Kleinanzeigen privater Hühnerhalter und Geflügelzuchtbetriebe. In den meisten Fällen sind die Züchter seriös und passioniert. Um Enttäuschungen zu vermeiden, bezahlen Sie möglichst erst nach Erhalt der Hühner.

- **Über Kleinanzeigen** in der regionalen Tageszeitung.

DIE AUSWAHL DER HÜHNER

Ganz gleich wo Sie Ihre Hühner kaufen: Versuchen Sie, **möglichst viele »Qualitätsgarantien«** zu erhalten. Lassen Sie sich Impfzertifikate vorlegen, sowohl von vorgeschriebenen– wie gegen die Newcastle-Krankheit – als auch von empfohlenen Impfungen. Auf Ausstellungen präsentierte Hühner müssen mit einem Bundesring beringt sein .

Vergewissern Sie sich durch **eine gründliche Untersuchung**, dass die Hühner keine Parasiten haben. Kontrollieren Sie besonders die Stellen unter den Flügeln, am Bauch und um die Kloake auf Läuse und kleine schwarze oder rote Punkte, die sich womöglich sogar bewegen.

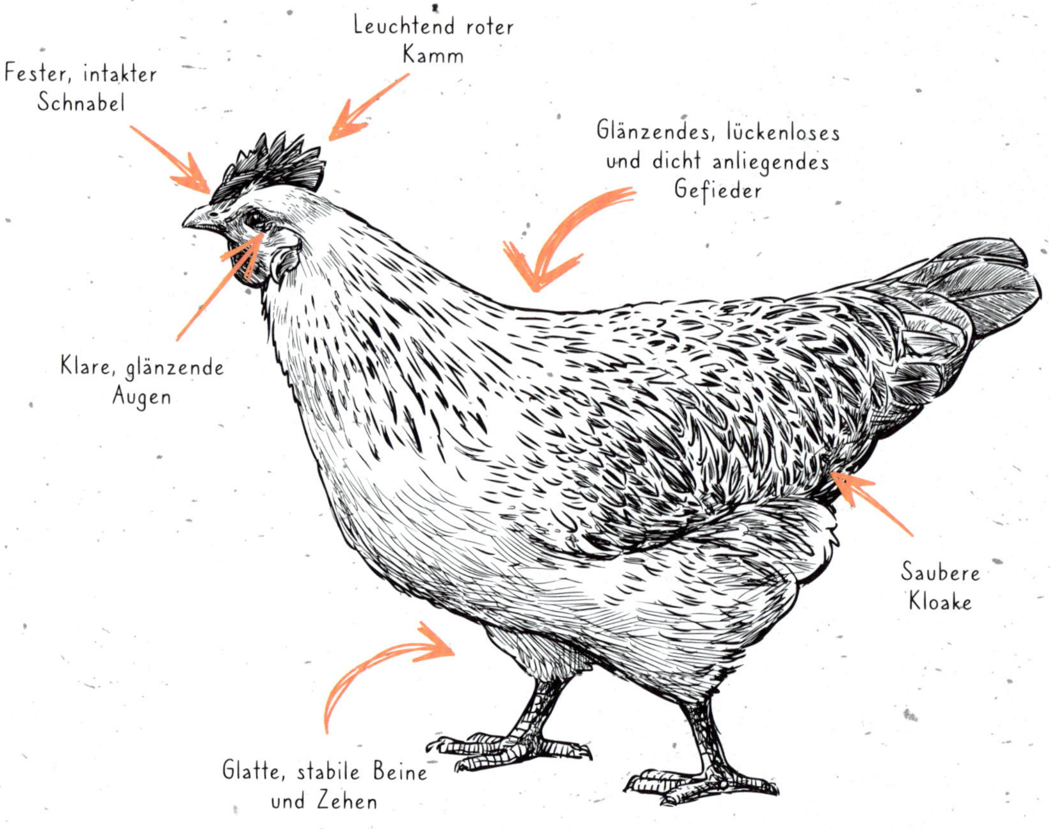

Lassen Sie sich Zeit bei der Auswahl der Hühner. Testen Sie, wie zutraulich sie sind. Achten Sie auf folgende Merkmale:

- ein glattes, glänzendes Gefieder ohne Parasiten
- einen festen, gut schließenden Schnabel
- eine ruhige, gleichmäßige Atmung ohne Keuchen oder Rasseln
- Kamm und Kehllappen glatt und ohne Krusten, nicht bläulich, sondern leuchtend rot (bei Hühnern aus Stallhaltung ist die Färbung schwächer)
- klare, glänzende Augen, die nicht tränen
- Lebhaftigkeit. Machen Sie einen Bogen um teilnahmslos wirkende Tiere.

GUTE FRAGEN

Befragen Sie auch den Züchter über die Hühner (Verhalten, Charakter, Legeleistung …) und über Kriterien, die für Ihre Auswahl relevant sind.

- Wie alt sind die Hühner?
- Sind die Hühner geimpft? Wogegen? Wurden sie medikamentös behandelt?
- Wie wurden die Hühner ernährt? Muss die Ernährung umgestellt werden?
- Wie gewöhne ich die Hühner am besten an die neue Umgebung?

DER KAUFPREIS

Der Preis für ein Huhn variiert stark und reicht von etwa zehn Euro für ein Hybridhuhn (je nach Region – oder wenn Sie den Züchter kennen – können es auch 5 Euro sein) bis hin zu 30–40 Euro für große Rassehühner.

TRANSPORT DER HÜHNER

Transportieren Sie Ihre neuen Untermieter in Hühnertransportkisten aus robustem Kunststoff mit Lüftungsschlitzen. Ersatzweise Transportboxen für Katzen.

DIE ERSTEN STUNDEN

Natürlich **haben Sie alles für die Ankunft der Hühner vorbereitet:** Hühnerstall, Auslauf, Futtertröge, Futter und Wasser … so ist es für alle am wenigsten stressig. **Lassen Sie die Hühner nach der Ankunft nicht sofort heraus**, sondern stellen Sie die Transportkiste(n) in das Gehege und warten Sie etwa zwei Stunden. Dann öffnen Sie ruhig die Klappe, treten Sie zurück und warten Sie ab. Die Hühner kommen, vielleicht etwas zögerlich, von selbst heraus.

Am Abend bringen Sie die Hühner in den Stall und halten sie für zwei Nächte und einen Tag darin, damit sie sich an ihre neue Umgebung gewöhnen. So werden sie auch mit Ihnen vertraut. Erst dann lassen Sie sie in den Auslauf hinaus. Am Abend finden sie von selbst den Weg zurück in den Stall.

KENNZEICHNUNG DER HÜHNER

In der privaten Hühnerhaltung werden die Hühner in der Regel nicht gekennzeichnet. Die Kennzeichnung kann jedoch nützlich sein, um den Überblick über die einzelnen Hühner zu behalten: Herkunft, Geburtsdatum, durchgeführte Impfungen oder Behandlungen … Für Tiere, die an einer Ausstellung teilnehmen, ist die Beringung Vorschrift.

Die Kennzeichnung ist nützlich, um den Überblick über den Bestand zu behalten.

Die Kennzeichnung der Hühner erfolgt durch einen Metall- oder Kunststoffring, der an einem Bein befestigt wird. Man unterscheidet offene Ringe (Spiralringe, Clip-Ringe), die nur dem Halter zur Unterscheidung der Tiere dienen, und die für Ausstellungen vorgeschriebenen offiziellen Bundesringe. Die Ringe haben ein geringes Gewicht und stören die Hühner nicht. Die bei Geflügelzuchtvereinen oder nationalen Verbänden erhältlichen Ringe haben je nach Jahrgang eine andere Farbe. Die Beringung ist sehr einfach und wird vom Züchter oder Halter selbst durchgeführt. Die meisten Ringe werden um das Bein des Huhns herum geschlossen und halten sicher und zuverlässig. Achten Sie unbedingt auf einen ausreichenden Durchmesser, damit der Ring nicht in das Bein einschneidet.

INTEGRATION NEUER HÜHNER

Die Ankunft neuer Hühner in einer Schar kann schwieriger sein, als man denkt, da bereits eine Hackordnung existiert und das Revier aufgeteilt ist.

QUARANTÄNE DER NEUZUGÄNGE

Es ist oft so, dass man zusammen mit den Hühnern auch Parasiten kauft. Die daher notwendige Quarantäne wird zu Unrecht oft vernachlässigt. Wie wichtig sie ist, merkt man leider erst, wenn etwas schiefgeht. **Die Quarantäne ermöglicht es, eine Krankheit oder einen Parasitenbefall zu erkennen.**

- **Isolieren Sie die Neuzugänge** in einem abgesonderten Bereich ohne Kontakt zu Ihren anderen Hühnern, wenn möglich in einiger Entfernung vom Hühnerstall. Wenn es keine Probleme gibt, sollte die Quarantäne mindestens drei Wochen dauern, ansonsten so lange, bis die Probleme behoben sind. Die Quarantäne ermöglicht den Neulingen auch, sich vor der Begegnung mit den alten Hühnern zu entspannen, sich an die Umgebung und den Halter zu gewöhnen. Der Halter kann sich vergewissern, dass die Hühner keine Krankheiten ausbrüten, mit denen sie die anderen anstecken könnten, und er kann ihren Charakter kennenlernen.
- **Auf die Quarantäne folgt eine Übergangsphase.** Lassen Sie die neuen Hühner für zwei Nächte im Stall schlafen, jedoch in einem Käfig, und stellen Sie sie auch im Käfig in den Auslauf, damit sich alle Tiere langsam an das Zusammenleben gewöhnen. Geht an diesen zwei Tagen alles gut, kann die Eingewöhnung beginnen.
- **Die Eingewöhnung sollte behutsam erfolgen.** Nach den zwei Tagen setzen Sie die neuen Hühner abends ohne Käfig zu den anderen. Im Halbdunkel besteht weniger Gefahr von Streit. Wenn Sie am nächsten Morgen den Stall öffnen, beobachten Sie die Hühner genau. Dies ist der entscheidende Moment. Die Hackordnung muss neu organisiert werden. Passen Sie auf, dass die Hühner dabei nicht zu aggressiv werden. Untersuchen Sie abends die Kämme und Kehllappen und versorgen Sie eventuelle Verletzungen.
- **Die vollständige Eingewöhnung dauert in der Regel eine Woche.**

EIN TAG IM HÜHNERHOF

AUFWACHEN

Bei Sonnenaufgang erwachen die Hühner und haben zunächst nichts anderes im Kopf, als sich den Wanst vollzuschlagen.

ÖFFNEN DER TÜR

Nun ist es Zeit, die Stalltür zu öffnen, es sei denn, Sie haben eine automatische Klappe mit Lichtsensor gewählt, die sich bei den ersten Sonnenstrahlen von selbst öffnet. Ideal für Langschläfer!

Bei Tagesanbruch verlassen die Hühner instinktiv ihre Sitzstangen. Sie sind bereit, den Stall zu verlassen. Hinter der Stalltür warten sie schon auf Sie und stürzen sofort nach draußen. So beginnen sie ihren Tag, an dem ihre Hauptbeschäftigung die Futtersuche sein wird.

KURZER KONTROLLGANG

Sie müssen den Hühnerstall mindestens einmal täglich inspizieren, um die Eier einzusammeln und sich zu vergewissern, dass alles in Ordnung ist. Etwa 10 Minuten genügen, um die Tür zu öffnen, die Einstreu mithilfe einer Zange von grobem Hühnermist zu säubern, einen Blick in die Ecken zu werfen, um zu kontrollieren, dass sich keine Parasiten eingenistet haben und in der Nacht keine ungebetenen Gäste im Stall waren.

Erneuern Sie das Wasser in den Tränken und füllen Sie die Futtertröge auf.

Tägliche Routine

Mit der Zeit und wachsender Erfahrung dauern die morgendlichen Aufgaben nicht länger als 10 Minuten.

1

Einsammeln der Eier

Achten Sie dabei auf saubere Hände.

2

Ausmisten

Sammeln Sie mit einer Zange oder Schaufel den Hühnermist unter den Sitzstangen ein und werfen Sie ihn auf den Kompost.

3

Kontrolle des Stalls

Kontrollieren Sie die Legenester, die Stellen unter dem beweglichen Mobiliar sowie alle Ecken und Ritzen auf Parasiten. Kontrollieren Sie Näpfe und Tränken (Reinigung, Auffüllen).

4

Kontrolle der Hühner

Beobachten Sie beim Hinausgehen der Hühner ihren Kamm, die Beine, die Atmung…

ZU TISCH BITTE!

Der Speisezettel der Hühner ist sehr abwechslungsreich. Dabei überfressen sie sich nicht, sondern begnügen sich mit dem, was sie brauchen. Ob Sie das Futter selbst zubereiten oder im Handel fertiges Hühnerfutter kaufen – wichtig ist, dass das Futter hochwertig und abwechslungsreich ist, damit die Hühner gesund bleiben.

SAUBERKEIT IST TRUMPF

Vergewissern Sie sich täglich, dass die Futtertröge und Tränke funktionieren (mögliche Probleme: auslaufende Tränken, verstopfte Futterautomaten…). Kontrollieren Sie dabei auch die Eignung des Standorts von Trögen und Tränken. Eine Tränke, die an ihrem Platz kleine Überschwemmungen verursacht, können Sie nach draußen stellen.

Pflegen Sie die gesamte Ausstattung gut, indem Sie sie regelmäßig reinigen, vor allem die Tränken, die so sauber wie möglich sein müssen, damit das Wasser nicht verschmutzt wird.

HÜHNER SIND ALLESFRESSER

Hühner sind Körnerfresser, doch sie sind auch Allesfresser. In der Natur fressen sie so ziemlich alles, was ihnen vor den Schnabel kommt, vorausgesetzt, sie finden es appetitlich: Körner, Pflanzen, kleine Tiere, vor allem Würmer, aber auch alle möglichen anderen Insekten und sogar kleine Mäuse.

Dank im Schnabel sitzender Geschmacksknospen **können Hühner die Geschmacksrichtungen salzig, süß, bitter und sauer unterscheiden**. Diese spielen bei ihrer Futterwahl jedoch keine große Rolle. Sie interessieren sich mehr für das Aussehen ihrer Nahrung, etwa die Größe und Form von Weizenkörnern, ihrem Lieblingsgetreide.

DIE GRUNDVERSORGUNG EINES HUHNS

Hühner benötigen dieselben Nährstoffe wie andere Tiere auch: Wasser, Eiweiß, Kohlenhydrate, Fette, Mineralstoffe und Vitamine. Deren Zufuhr muss ausgewogen und abwechslungsreich sein.

Getreide ist quasi das Grundnahrungsmittel von Hühnern, doch dies allein genügt nicht, wenn sie gute Eier legen sollen. Um hochwertige Eier zu produzieren, benötigt ein Huhn pro Tag schätzungsweise 120 g auf seine Bedürfnisse abgestimmtes Futter (siehe Tabelle Seite 95), also etwa ein Senfglas voll (eine praktische Dosierhilfe). Kein Futtermittel kann allein den Nährstoffbedarf eines Huhns decken; man füttert also beispielsweise nicht nur Weizen. Es ist nicht nötig, die Eigenschaften jedes einzelnen Futtermittels zu kennen – die Grundregel lautet: **Je mehr Abwechslung, desto besser!**

Kein Futtermittel kann allein den Nährstoffbedarf eines Huhns decken.

Hühner fressen vor allem **Getreide** (Mais, Weizen, Hafer…) und gekochte **Hülsenfrüchte** (Linsen, Erbsen…). Ihre Mahlzeit vervollständigen sie, indem sie hier und da in ihrem Auslauf **Insekten, Regenwürmer, frisches Gras** und Ihre **Gemüseabfälle** verspeisen. Zur Ausbildung der Eierschalen benötigen sie außerdem Kalzium in Form von **Sand** sowie gemahlenen **Muschel- und Eierschalen**.

Eine Futterration besteht insgesamt zu ⅔ aus energiereicher Nahrung und zu ⅓ aus proteinreicher Nahrung.

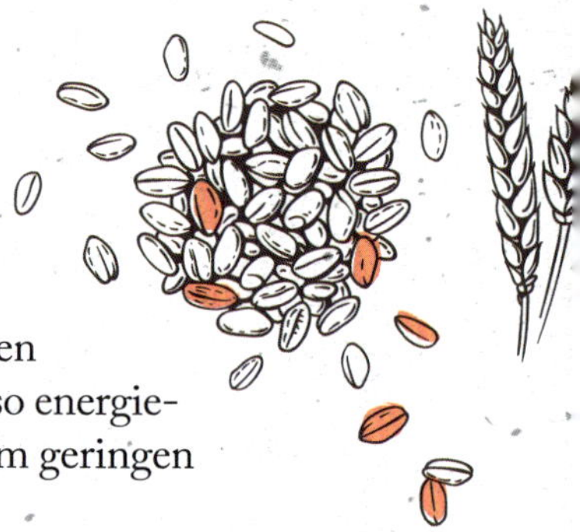

ENERGIEREICHES FUTTER

Jedes Nahrungsmittel hat einen mehr oder weniger hohen energetischen Wert (Brennwert). Das kalorienreiche – also energiereiche – Hühnerfutter besteht oft aus Getreide und einem geringen Anteil Fett. Es macht 70 % der Futterration aus.

- **Getreide** liefert Energie, die für die Funktion der Muskeln und des gesamten Organismus benötigt wird. Sie haben die Wahl: Weizen, Mais, Hafer, Roggen, Hirse, Sorghum…
- **Fette** sorgen für die gute Verwertung des Futters, vor allem der Vitamine. Fette sind also notwendig, jedoch in kleinen Mengen, sonst werden die Hühner krank.

PROTEINREICHES FUTTER

Damit die Hühner gesund bleiben und gute Eier produzieren, benötigen sie Proteine. Aminosäuren (Lysin, Tryptophan, Methionin…) sind die Grundbausteine der Proteine und sind für den Stoffwechsel unverzichtbar. Methionin ist besonders wichtig, da es an der Proteinsynthese beteiligt ist. Proteine machen 30 % der Futterration aus.

- **Hülsenfrüchte** (Linsen, Erbsen, Soja, Bohnen …) und Ölsaaten (Sonnenblumenkerne, Raps) eignen sich ausgezeichnet zur Deckung des Proteinbedarfs, jedoch in moderaten Mengen (10–15 % der Futterration). Sie werden beobachten, dass die Hühner von Hülsenfrüchten und Ölsaaten weniger begeistert sind als von Getreide. Man muss sie überlisten, indem man diese unter einen selbst zubereiteten Brei mischt (siehe Seite 92).
- **Milch und Milchprodukte** sowie Fleisch- und Fischreste tragen ebenfalls zur Proteinversorgung der Hühner bei. Vorsicht jedoch bei Fisch und Meeresfrüchten: Sie können den Eiern einen fischigen Geschmack verleihen.
- In der ökologischen Hühnerhaltung wird gern **Bierhefe** verfüttert, um die Verwertung der pflanzlichen Proteine zu verbessern. Die Hefe wird in ganz kleinen Mengen und nicht bei jeder Mahlzeit gegeben. Falls Ihre Hühner nur pflanzliche Proteine bekommen, bestäuben Sie das Futter einmal wöchentlich mit Hefeflocken.

Energie und Proteine

Energiereiches Futter	Proteinreiches Futter
Mais ist das für Hühnerfutter meistverwendete Getreide mit dem höchsten Energiegehalt. Er kann sich positiv auf die Farbe des Eidotters auswirken.	**Ackerbohnen** haben einen guten Energie- und Proteingehalt. Ihre Proteine sind reich an Lysin, jedoch arm an schwefelhaltigen Aminosäuren und an Tryptophan.
Weizen wird ebenfalls sehr häufig verwendet; er liefert nur wenige Farbpigmente für den Eidotter.	**Lupinen** sind süß und proteinreich, doch ihr Aminosäureprofil ist nur mittelmäßig (relativ geringer Gehalt an Lysin, Methionin und Tryptophan).
Gerste wird selten verfüttert, da sie in größeren Mengen (über 30 % Anteil) nicht sehr nahrhaft für junge Hühner ist.	Die Proteinwerte von **Erbsen** sind weniger gut als die von Ackerbohnen. Erbsen enthalten relativ wenig schwefelhaltige Aminosäuren und Tryptophan; interessant ist hingegen ihr Lysingehalt.
Sorghum enthält Gerbstoffe und wird daher nur in geringeren Mengen zum Hühnerfutter gegeben.	**Ölsaaten**, vor allem Raps, haben einen hohen Energiegehalt, da sie sehr fettreich sind. Sojabohnen sind zugleich proteinreich und sehr ausgewogen (außer hinsichtlich schwefelhaltiger Aminosäuren). Ihr Proteingehalt ist durchschnittlich.
Roggen kann in geringen Mengen gefüttert werden (höchstens 15 % für Junghühner und 25 % für ausgewachsene Hühner).	Unter den **Ölsaaten** und eiweißreichen Pflanzen ist Sojaschrot am ausgewogensten und hat einen hohen Gehalt an Proteinen (auch an Lysin).
Pflanzliche Öle sind in bestimmten Futtermischungen für besonders schnelles Wachstum von Mastgeflügel enthalten. Aufgrund der Gefahr einer Überfettung sind diese nicht zu empfehlen.	**Rapsschrot** verdient wegen seines Eiweißprofils und seines Mineralstoffgehalts Beachtung. Allerdings ist sein verwertbarer Energiegehalt relativ niedrig und er enthält antinutritive Faktoren.

ANDERE FUTTERMITTEL

Im unverarbeiteten Zustand liefern Futtermittel wie Getreide (proteinarm) nicht immer alle Mineralstoffe, Vitamine und Spurenelemente, die zur Deckung des Gesamtbedarfs der Tiere benötigt werden.

- **Grünfutter:** Gras, Brennnesseln, zartes Laub, Eicheln, Kastanien… sind reich an Vitaminen, Spurenelementen und Mineralstoffen. Sie können sie nach Belieben verfüttern. Hängen Sie das Grünfutter in Netzen am Zaun oder an einer Wand auf, damit es nicht verschmutzt und verschwendet wird.
- Um die Vitaminzufuhr zu erhöhen, **lassen Sie die Getreidekörner vor dem Verfüttern ankeimen**. Dadurch steigt der Vitamingehalt, die Stärke wird in Einfachzucker verwandelt, die Proteine in Aminosäuren und die Lipide in Fettsäuren. Dafür die Körner 2–12 Stunden einweichen, dann für 1–3 Tage abgedeckt bei Raumtemperatur auf feuchtem Küchenpapier liegen lassen.

Um die Vitaminzufuhr zu erhöhen, lassen Sie die Getreidekörner vor dem Verfüttern ankeimen.

- Für eine gesunde Eierproduktion füttern Sie zerkleinerte **Muschel- und Eierschalen** und natürlichen **Futterkalk,** der reich an Kalzium und Phosphor ist.
- Durch die Gabe **mineralstoff- und vitaminhaltiger Ergänzungsfuttermittel**, die im Fachhandel erhältlich sind, können Sie Mangelerscheinungen vorbeugen.

WASSER

Wasser spielt für die Nährstoffaufnahmen ebenfalls eine sehr wichtige Rolle. Hühner trinken viel, doppelt so viel, wie sie fressen; sie benötigen pro Tag 300 ml Wasser. Bei großer Hitze kann sich die Menge auch verdoppeln. Sorgen Sie dafür, dass den Tieren stets sauberes, frisches Wasser in funktionsfähigen Tränken zur Verfügung steht.

Um zu verhindern, dass durch das Wasser gesundheitsgefährdende Chemikalien oder pathogene Keime übertragen werden, **reinigen Sie die Tränken täglich** und entfernen Sie dabei sämtliche Verschmutzungen und Futterreste.

Wasser wird auch anderweitig benötigt, etwa bei Impfungen, medizinischen Behandlungen und der Reinigung von Gegenständen – **achten Sie dabei immer auf gute Wasserqualität**! Verwenden Sie Trinkwasser und vermeiden Sie Wasser aus stehenden Gewässern. Falls Sie unsicher sind, können Sie das Wasser im Labor untersuchen lassen. In der Regel ist die Gefahr einer Kontamination bei niedrigem Grundwasserstand am größten, also vor allem im Sommer. Vorsicht: Klares Wasser ist nicht unbedingt sauberes Wasser. Gehen Sie kein Risiko ein!

DER GRIT

Hühner müssen kleine Kieselsteinchen aufnehmen, damit ihr Magen gut funktioniert. Falls diese nicht im Boden vorhanden sind, stellen Sie den Hühnern für eine gute Verdauung stets ausreichend Grit (Geflügelgrit/Magenkiesel) zur Verfügung. Die Steinchen müssen etwa so groß sein wie Weizenkörner.

DIE FUTTERRATION

Die Futterration ist die Gesamtmenge des Futters, das Sie den Hühnern zur Verfügung stellen müssen. Die tägliche Ration von 120 g für ein mittelgroßes Huhn setzt sich wie folgt zusammen:

- **75 g energiereiches Futter** (Weizen, Mais, Hafer, Reis, Buchweizen, schwarze Sonnenblumenkerne, Sorghum, Raps, Leinsamen…).
- **20 g proteinreiches Futter** (Linsen, Erbsen Sojabohnen, Bohnen, Sonnenblumenkerne, Raps).
- **25 g Küchenabfälle** und Reste (gekochte Kartoffeln, Nudeln, Milch, Käse, Fisch, Gemüseschalen, Schoten von Hülsenfrüchten) oder **ein Brei** (S. 92).
- Falls im Auslauf der Hühner kein Gras wächst, füttern Sie pro Huhn eine große Handvoll **Grünfutter** (Salat, Gras, Gemüseblätter, Brennnesseln).
- Falls der Boden keine **kleinen Steinchen** enthält, geben Sie pro Huhn monatlich 30 g Mineralstoffe zur Ausbildung fester Eierschalen (kleine Kieselsteinchen, zerkleinerte Muschel-, Schnecken- oder Eierschalen…).

Zur ausgewogenen Zusammenstellung der Futterration siehe Tabelle Seite 95.

Rezeptideen für Hühner

Zutaten gut vermischen und zusätzlich zur Körnerration geben.

Klassischer Brei

Für 2 Hühner:

- 2 Scheiben in warmem Wasser eingeweichtes Brot
- 2 gekochte Kartoffeln
- 2 Handvoll gehackte frische oder getrocknete Brennnesseln

Winterbrei

Für 2 Hühner:

- 30 g gekochte Spaghetti
- 1 Scheibe im Kochwasser der Spaghetti eingeweichtes trockenes Brot
- 1 Sojakuchen
- 1 kleine Dose Thunfisch im eigenen Saft
- 1 Dose Mais, abgetropft
- 1 Esslöffel Lebertran (reich an Vitamin D)
- 1 Teelöffel geriebener Ingwer
- Salz

FERTIGFUTTER

Fertigfutter kann für Anfänger sehr praktisch sein. Es hat Vor- und Nachteile:

- **Es berücksichtigt den Nährstoffbedarf** der Hühner und ist gebrauchsfertig. Ein Alleinfutter zu füttern ist einfacher. Wählen Sie eine Körnermischung aus kontrolliert biologischem Anbau.
- **Die Zusammensetzung des Fertigfutters einschließlich der Zusatzstoffe** muss auf dem Etikett angegeben sein. Ist dies nicht der Fall, fragen Sie beim Händler nach.
- **Vermeiden Sie gemahlenes oder fein granuliertes Futter,** da es von den Hühnern schlecht aufgepickt werden kann.

Fertigfutter können Sie auch durch Getreide anreichern, zum Beispiel durch Weizen- oder Maiskörner. Eine gutes Mischungsverhältnis wäre 2/3 Fertigfutter und 1/3 ergänzendes Getreide. Mit dem Aufpicken der zusätzlichen Körner wären die Hühner gut beschäftigt. So vermeiden Sie zugleich aggressives Verhalten, vor allem zwischen ausgewachsenen und jungen Hühnern, und verhindern das Federpicken unter den Hühnern.

SELBST GEMISCHTES FUTTER

Wenn Sie das Futter für Ihre Hühner lieber selbst mischen möchten, ist das kein Problem, vor allem, wenn Sie nur wenige Hühner haben.

- Bereiten Sie einen Brei **aus gekochten, zerstampften Kartoffeln** und mischen Sie Getreide (Weizenkleie…) und **Sojaschrot, Sojakuchen** oder andere proteinreiche Futtermittel darunter.
- In geringer Menge (5–10 % der Gesamtmenge) können Sie **Milchprodukte** wie Quark untermischen. Auch Milchpulver kann bis zu einem Anteil von etwa 10 % hinzugefügt werden.
- Vergessen Sie nicht, den Hühnern **Grünfutter** sowie Mineralstoffe und Vitamine zu füttern. Salat- und Kohlblätter werden sehr gern genommen. Mit dem Rasenmäher gemähten Grasschnitt nur geben, wenn er ganz frisch ist, da er sonst gären kann.
- Wenn Sie Ihr Hühnerfutter selbst herstellen möchten, **schaffen Sie sich eine Getreidemühle an**.

SELBSTBEDIENUNG

Zur Vervollständigung ihres Speiseplans gehen die Hühner selbst auf Futtersuche: Im Auslauf picken sie Körnchen, Grashalme, kleine Schnecken und Würmer auf. Dieses Futter aus **»Wildsammlung« ist vielseitig und eine gute Nährstoffquelle**. Daher ist es wichtig, für einen guten Zustand des Auslaufs zu sorgen. Sie können Insektenhotels aufhängen oder hier und da größere Steine oder Blumentöpfe aufstellen. Wenn Sie diese verrücken, finden sich am Boden reichlich Larven für die Hühner. Säen Sie auch Gras ein oder legen Sie ein Grasbeet an (siehe Seite 52).

VERÄNDERUNG DES FUTTERS

Hühner mögen keine Veränderungen. Wenn Sie das Futter wechseln müssen, tun Sie dies nach und nach. Dafür mischen Sie täglich ein bisschen mehr neues Futter unter das bekannte.

UNGEEIGNETES FUTTER

Wenn Sie den Hühnern Lebensmittelabfälle und Reste geben, achten Sie darauf, dass keine Schalen von Bananen, Kiwis oder Zitrusfrüchten dabei sind, keine rohen Lauchblätter und Zwiebeln, kein Rhabarber, keine rohen Kartoffeln, keine Knochen und keine stark gesalzenen Speisen. Vorsicht auch bei Wildpflanzen: Fingerhut, Ilexbeeren, Maiglöckchen, Efeu und anderes sind für Hühner giftig. Im Internet finden Sie umfassende Listen der für Hühner giftigen Pflanzen.

ÖKOLOGISCH ANGEBAUTES FUTTER

Die private Hühnerhaltung ist oft bio, weil man wissen möchte, was man isst. Der **Nährstoffgehalt** der Eier ist jedoch bei konventioneller (industrieller) und ökologischer Tierhaltung der gleiche. Anders ist es beim **Schadstoffgehalt**: Offizielle Studien haben bestätigt, dass die Umgebung des Huhns sich auf diesen auswirkt.Im Verdauungstrakt herausgefilterte Schadstoffe gehen in die Eier über. Die Leber filtert Rückstände von Pflanzenschutzmitteln oder Antiobiotika aus der Nahrung – diese landen dann im Dotter. Halten Sie daher Hühner nur auf schadstofffreien Böden.

Futterplan für Hühner

Energiereiche Futtermittel			
70 % der Ration		**Form/Art der Zubereitung**	**Maximaler Anteil in der Ration**
Getreide	Mais	Schrot	40 %
	Hirse	ganze Körner	30 %
	Weizen		20 %
	Sorghum		15 %
	Gerste		10 %
	Hafer		5 %
	Roggen		5 %
	Triticale		5 %
andere Futtermittel	Kartoffeln, Brei, Küchenabfälle/Reste	gekocht	20 %
	Brennnesseln und Grünfutter	gehackt	nach Belieben

Proteinreiche Futtermittel			
30 % der Ration		**Form/Art der Zubereitung**	**Maximaler Anteil in der Ration**
Hülsenfrüchte	Erbsen	Schrot	10 %
	Lupinen	ganze Körner	5 %
	Ackerbohnen	Schrot	5 %
Ölsaaten	Soja	Kuchen	40 %
	Lein		15 %
	Sonnenblume, Raps		je 10 %
	Sonnenblume, Lein, Raps	ganze Körner	je 10 %
	Soja	Schrot	10 %

KÖRPERPFLEGE

Das Gefieder, mit dem die Hühner ganz bedeckt sind, schützt sie vor Wasser, Sonne und Kälte. Sie verbringen unglaublich viel Zeit damit, es zu pflegen – dabei geht es ihnen wohlgemerkt weniger um ihre äußere Erscheinung, vielmehr ist es ein Überlebensinstinkt.

FEDERN UND GEFIEDER

Die Federn bestehen fast ausschließlich aus Keratin, also dem gleichen Material wie unsere Haare und Nägel. Die Feder ist aus vier Partien aufgebaut:

- **Die Spule**: Dies ist die feste, hohle Partie der Feder, die in der Haut sitzt. Sie ist mit den Muskeln verbunden, was es den Hühnern ermöglicht, sich aufzuplustern oder das Gefieder anzulegen.
- **Der Schaft** ist die Verlängerung der Spule. Der Schaft ist nicht hohl.
- **Die Äste** oder Federäste entspringen dem Schaft; von ihnen gehen wiederum die Strahlen aus. Die Hakenstrahlen sind mit kleinen Häkchen besetzt, mit denen sich Bogen- und Hakenstrahlen ineinander verhaken. Die Strahlen kann man leicht voneinander trennen und wieder verbinden.
- **Die Fahne** ist der gesamte weiche, glatte Teil der Feder.

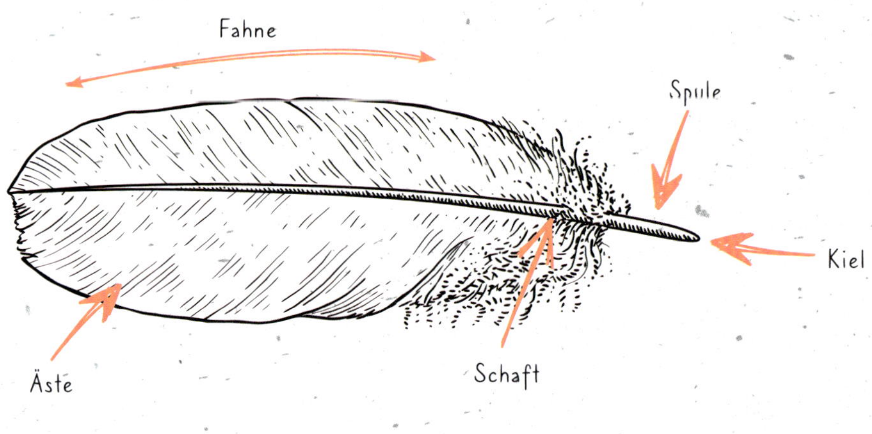

Federfarben und -Zeichnungen

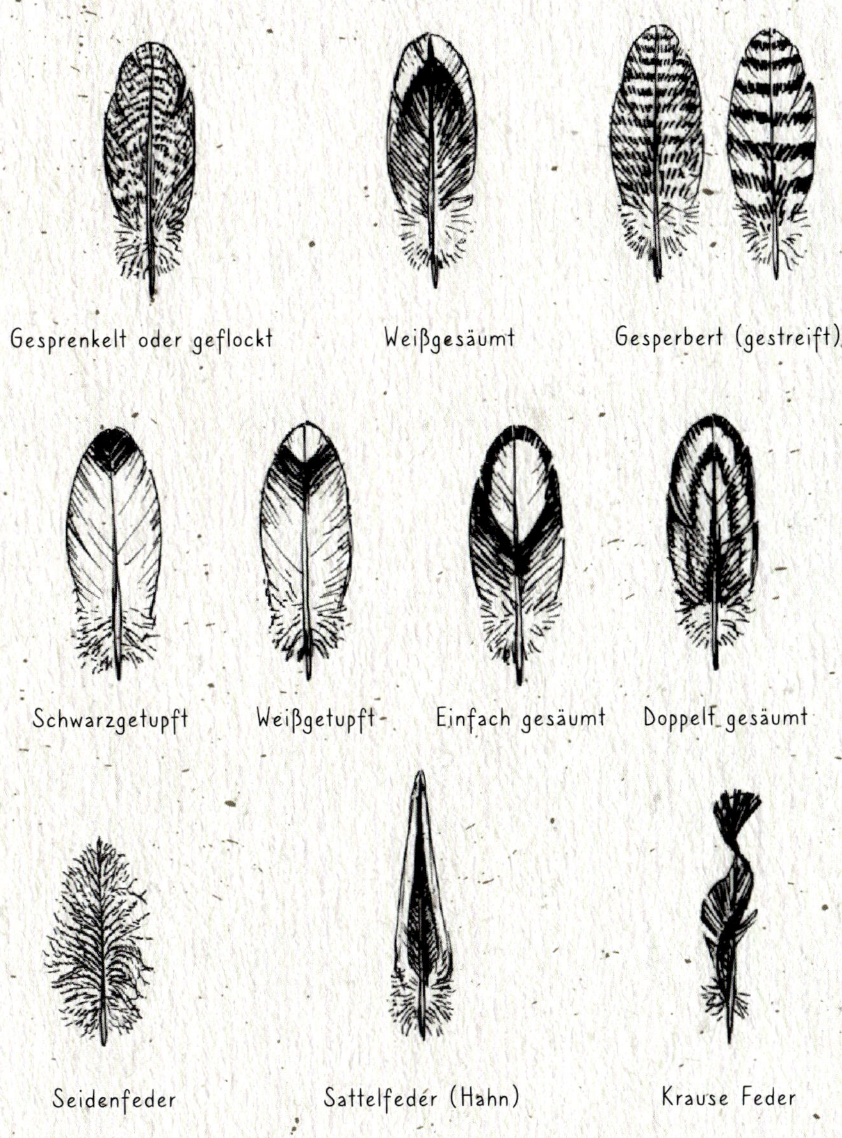

DAS SANDBAD

Das Sandbad oder Staubbad gehört zu den Dingen, die Hühner ganz besonders schätzen. Es hilft ihnen nicht nur, ihr Gefieder von Parasiten und überschüssigem Fett zu befreien, sondern macht ihnen auch Spaß: Sie lieben es, sich im Staub, Sand oder in trockener Erde zu wälzen.

Durch diese Angewohnheit kann der Auslauf rasch von **Kuhlen** übersät sein. Um dies zu vermeiden, stellen Sie für das Sandbad am besten eine extra Wanne auf, vor allem, wenn Sie nur über einen kleinen Auslauf verfügen.

PUTZEN

Nach dem Staubbad putzen die Hühner ihr Gefieder, um es zu glätten. Um voneinander gelöste Partien wieder zu verbinden, ziehen die Hühner die Federn einzeln durch den Schnabel.

EINFETTEN

Mit der Zeit nutzt sich das Gefieder ab. Durch Hitze, Staub, Kälte, Reibung wird es brüchig und kann seine Schutzfunktion nicht mehr erfüllen. Die Hühner pflegen das Gefieder, indem sie es einfetten.

Mit einem Wachs aus ihrer Bürzeldrüse imprägnieren Hühner ihr Gefieder

Die Bürzeldrüse an der Oberseite der Schwanzwurzel produziert ein öliges, wachshaltiges Sekret, das die Hühner geschickt mit dem Schnabel aufnehmen und im Gefieder verteilen. Dadurch wird es wieder optimal wasserdicht.

Die Mauser

Mit kürzerer Sonnenscheindauer im Herbst verliert das Huhn seine Federn und bildet ein neues Gefieder aus, um dem kalten Winter zu trotzen: Es mausert, und man findet seine Federn überall im Auslauf und im Garten.

In dieser Zeit legt das Huhn keine Eier mehr. Nach der Mauser beginnt die Eierproduktion jedoch wieder, und das Huhn legt teils sogar mehr Eier mit einer festeren Schale als vorher.

Beobachten Sie Ihre Hühner während der Mauser. Bei manchen ist sie allerdings gar nicht so leicht zu erkennen; einige Hühner verlieren nur ein paar Federn, andere sehen total zerrupft aus. Während der Mauser sind Hühner empfindlicher. Füttern Sie sie gut – das Futter sollte nun besonders reich an folgenden Nährstoffen sein:

- Arginin (Weizen, Triticale, Hafer, Mais, vor allem gekeimt)
- Lysin (Gerste, Bierhefe, Erbsen)
- Methionin (Soja, Bierhefe, Linsen, Sonnenblumen)
- Cystein (Bierhefe, Weizenkeime, Kreuzblütler).

RUND UMS EIERLEGEN

Hinter dem einfach erscheinenden Ei verbirgt sich in Wahrheit ein komplexer Mechanismus, der genauere Betrachtung verdient.

DAS EIERLEGEN

Wenn das Huhn Eier legt, ist es verletzlicher, es kann sich nicht gegen Fressfeinde verteidigen, daher **sondert es sich ab, um sich zu schützen**. Dabei muss man es in Ruhe lassen. Das Huhn legt seine Eier gern in einem ruhigen, geschützten Eckchen im Halbschatten.

Der Vorgang des Eierlegens selbst **kann von wenigen Minuten bis zu einer Stunde dauern**. Keine Sorge, falls es noch länger dauert. **Nach dem Legen gackern die Hühner** für gewöhnlich. Mit der Zeit erkennen Sie das Gegacker, das auf das Eierlegen folgt.

JEDEN TAG EIN EI?

Je nach Rasse oder Art und bei ausreichender Helligkeit legt ein Huhn **zwischen drei und fünf Eier pro Woche**. Mit Beginn der kalten Jahreszeit, wenn die Tage am kürzesten sind, legen die Hühner eine Legepause ein (Mauser). Außer bei wenigen Rassen und in der professionellen Geflügelhaltung ist dies völlig normal und die **Legepause kein Grund zur Sorge**.

Hybridhühner legen in den ersten ein bis zwei Lebensjahren bis zu **300 Eier pro Jahr**. Danach geht die Produktion zurück und hört schließlich ganz auf.

Die Legeleistung von Rassehühnern ist unterschiedlich; sie produzieren jedoch **bis zu ihrem sechsten oder siebten Lebensjahr** Eier. Unter dem Strich legen sie genauso viele Eier wie Hybridhühner, jedoch über einen längeren Zeitraum verteilt.

Ob Rassehuhn oder Hybridhuhn, die **Eier müssen täglich eingesammelt werden**, denn im Legenest gelassene Eier können die Eierproduktion beeinträchtigen.

Ein Ei entsteht

Die Eier des Huhns werden in seinem Eileiter gebildet, einem etwa 70 cm langen hellrosa Organ, das an einen engen Schlauch erinnert. In diesem Schlauch wird der Eidotter, der aus über 1000 traubenartig zusammenhängenden Follikeln hervorgegangen ist, im Laufe von etwa 3,5 Stunden nach und nach von **vier verschiedenen Schichten Eiweiß** (Eiklar) umhüllt. Dabei dreht es sich permanent.

Anschließend entstehen allmählich die Schalenhäute und die eigentliche Eierschale, die aus Kalziumkristallen (Kalziumkarbonat) besteht. Diese Phase dauert 20 Stunden und endet mit dem Ausstoßen des Eies.

Das zur Bildung der Eierschale benötigte Kalzium führt das Huhn während der Nacht zu. Ganz zum Schluss der Schalenbildung werden die Farbpigmente eingelagert. **Das Huhn braucht also 24–27 Stunden, um ein Ei zu bilden und zu legen.**

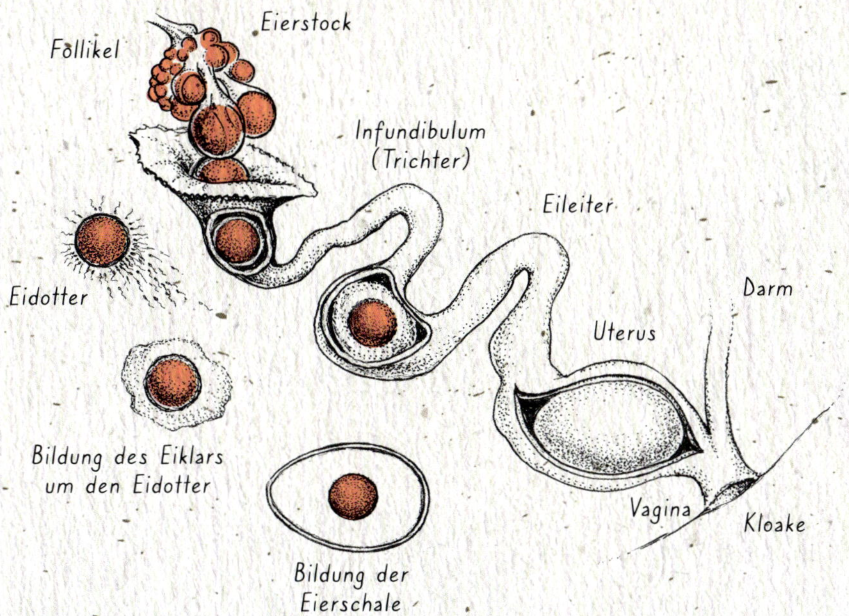

DIE EIER

Das Ei, das sich im Eileiter des Huhns bildet (siehe Seite 101), besteht aus verschiedenen Komponenten:

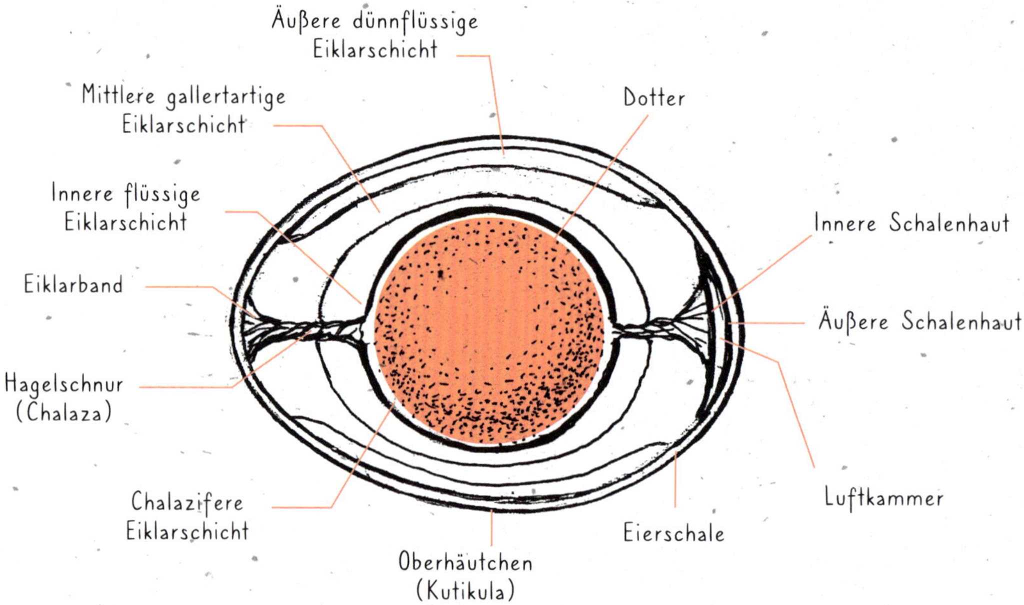

- der in der Mitte sitzende **Dotter**
- das **Eiweiß (Eiklar)**, das in vier Bereiche unterteilt wird:
  - die äußere dünnflüssige Eiklarschicht
  - die mittlere gallertartige Eiklarschicht
  - die innere dünnflüssige Eiklarschicht
  - die Hagelschnüre (Chalazen), gedrehte Eiweißstränge, sowie die chalazifere Eiklarschicht, die den Dotter an seinem Platz in der Mitte fixieren
- **zwei Schalenhäute (Eierschalenmembranen)**, eine innere und eine äußere, die eine mechanische Barriere darstellen

- **die Eierschale,** die aus Proteinen und Mineralstoffen besteht. Diese Hülle ist porös und ermöglicht den Luftaustausch. So entsteht auch die Luftkammer zwischen den beiden Schalenhäuten, die mit der Zeit größer wird.
- **das Oberhäutchen** (Kutikula), das die Schale umgibt. Diese natürliche, aus Proteinen bestehende Schutzschicht verhindert das Eindringen von Keimen.

Das Gewicht von Hühnereiern ist unterschiedlich: Im Handel wird zwischen vier verschiedenen Gewichtsklassen unterschieden.

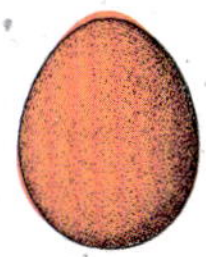

S
kleine Eier:
Gewicht < 53 g

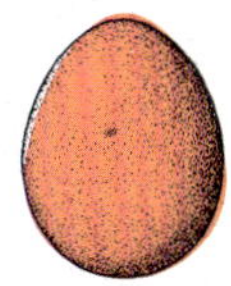

M
mittelgroße Eier:
Gewicht 53–63 g

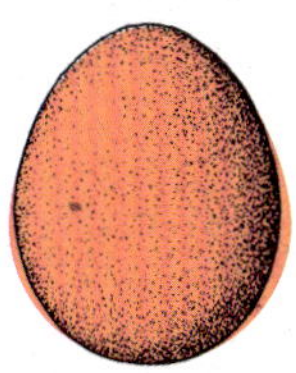

L
große Eier
Gewicht 63–73 g

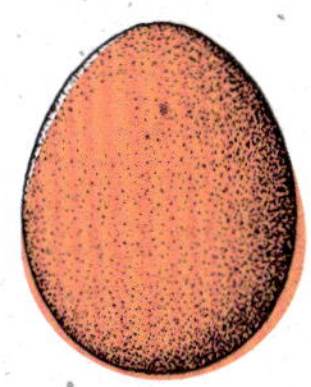

XL
extra große Eier
Gewicht > 73 g

EINSAMMELN DER EIER

Einmal pro Tag sind die Eier einzusammeln. Das geschieht am besten morgens oder abends, wenn die Hühner draußen sind. Dadurch verhindern Sie, dass **Eier verschmutzt werden** (durch längeren Kontakt mit schmutziger Einstreu kann die Schale durchlässiger werden) oder die Hühner sie auffressen (siehe Tipp Seite 145, falls dies geschieht). Schauen Sie genau hin, manche Hühner legen gern in einer Ecke in die Einstreu oder auch draußen!

Geschmack und Farben

Der Geschmack

Der Geschmack hängt nicht von der Farbe der Eierschale ab, kann sich jedoch durch das Futter der Legehennen und die Lagerbedingungen verändern.

Die Farben

Die Farbe der Schale wird in keinster Weise durch das Futter bestimmt, sondern durch die Rasse. Weiße oder farbige Eier (Profis sprechen von roten Eiern) enthalten die gleichen Nährstoffe

Einen Hinweis auf die Schalenfarbe liefert die Ohrscheibe: Hühner mit weißen Ohrscheiben legen in der Regel weiße bis cremefarbene Eier, Hühner mit roten Ohrscheiben alle anderen Farben (braun, rot, grün, blau, türkis).

KALZIUM

Kalzium spielt bei der Entstehung des Eies eine Schlüsselrolle: Es besteht zu 95 % aus diesem Stoff, der etwa in Kalk (etwa Muschelkalk) enthalten ist.

Damit daraus die Eierschale entstehen kann, **muss der Kalk in Kalziumkarbonat umgewandelt werden**. Dies geschieht durch die Milchsäure im Kropf und die Salzsäure im Drüsenmagen. Das Kalziumkarbonat wird über den Darm und das Blut zum Uterus transportiert, wo es ganz langsam die Schale um das Ei bildet (etwa 0,30 g pro Stunde).

Damit die Eierschale entstehen kann, muss der Kalk in Kalziumkarbonat umgewandelt werden.

Sorgen Sie dafür, dass Ihre Hühner zur Produktion von Kalzium ausreichend mit Kalk versorgt sind. Sonst besteht die Gefahr, dass ihr Organismus das Kalzium aus den Kalziumreserven in den Knochen zieht – dies würde die Tiere schwächen.

Bei Mangelerscheinungen bieten Sie Ihren Hühnern verschiedene Kalziumquellen an: Sand, getrocknete Algen, gemahlene Muschelschalen, Sepiaschalen und ganz klein gehackte Eierschalen.

LICHT

Das Licht spielt bei der Kalziumsynthese eine entscheidende Rolle: Das Vitamin D3 unterstützt den Einbau von Kalzium und ist damit gut für die Knochen und die Eier.

Wie aber soll die Synthese von Vitamin D zu Vitamin D3 über die Haut funktionieren, wenn man ganz von Federn bedeckt ist? Dafür hat der Organismus des Huhns einen Trick auf Lager: Er speichert Vitamin D in der Bürzeldrüse (siehe Seite 98), die das ölige Sekret zur Gefiederpflege produziert. Wird dieses auf dem Gefieder verteilt, kann es die UVB-Sonnenstrahlen aufnehmen und das Vitamin D in Vitamin D3 umwandeln. Beim nächsten Putzen nimmt das Huhn dann das Vitamin D3 mit dem Schnabel auf.

Von nun an betrachten Sie Ihre sonnenbadenden Hühner mit anderen Augen.

(K)ein Ei wie das andere: Anomalien

Anomalien treten bei Hühnereiern oft zu Beginn oder am Ende der Legezeit eines Huhns auf – dies ist kein Grund zur Sorge. Halten sie jedoch über längere Zeit an, können sie auf einen Nährstoffmangel, auf Parasiten oder eine Krankheit hindeuten.

1

Das Ei ist weich und fast ohne Schale

Zu Beginn der Legezeit eines Huhns können Eier mit weicher oder fast nicht vorhandener Schale vorkommen. Diese Eier nennt man Windeier.

In der übrigen Zeit steckt hinter diesem Phänomen oft ein Kalzium- oder Vitamin-D-Mangel.

Auch bei bestimmten Krankheiten kommen solche Eier vor, etwa bei der infektiösen Bronchitis oder der Newcastle-Krankheit.

2

Die Eierschale ist ungleichmäßig

Manchmal gibt es Eier mit Kalkansammlungen, die für Unebenheiten in der Schale sorgen (ähnlich wie Pickel). Diese Eier stammen von älteren Hühnern. Sie können auch auf eine Mykoplasmose hindeuten, selbst wenn das Huhn nicht krank wirkt.

Diese Eier kann man bedenkenlos verzehren, doch sie sollten nicht ausgebrütet werden.

Eier mit ungleichmäßiger, gewellter oder geriffelter (runzeliger) Schale kommen häufig nach einer infektiösen Bronchitis vor.

3

Die Eier sind winzig

Größe und Form der Eier können je nach Rasse und Alter des Huhns unterschiedlich sein. Ein junges Huhn legt zu Beginn kleinere Eier – kein Grund zur Beunruhigung.

Es kann vorkommen, dass die Eier verglichen mit ihrer sonstigen Größe winzig sind und im Inneren keinen Eidotter haben. Dies kann die Legepause am Ende einer Eierserie ankündigen oder – schlimmer – auf einen Schmarotzer im Organismus hindeuten, etwa einen Wurm.

4

Zwei Dotter in einem Ei

Manche Eier haben zwei Dotter und sind entsprechend groß. Ursache ist ein natürlicher Prozess: Durch eine erhöhte Hormonausschüttung reifen gleichzeitig zwei Eizellen. Solche Eier lassen sich gut verzehren, allerdings nicht bebrüten.

5

Die Eierschale hat Blutflecken

Dieses Problem tritt oft bei den ersten Eiern von jungen Hühnern auf. Beim Ausstoßen des Eies sind kleine Blutgefäße geplatzt.

6

Blutspuren im Innern des Eies

Manchmal bemerken Sie einen kleinen Blutklumpen nahe am Dotter. Das ist nicht schlimm: Beim Ablösen des Dotters aus der Dottertraube im Eierstock ist ein feines Blutgefäß geplatzt.

Entfernen Sie das kleine Blutgerinnsel mit der Messerspitze. Auf die Qualität des Eies hat dies keinen Einfluss.

Eier richtig lagern

Einer der Hauptvorzüge des Eies ist seine lange Haltbarkeit. Früher bewahrte man Eier in Sand, Sägemehl, Asche, Paraffin, Öl oder Kalkwasser auf, einer Mischung aus Wasser und Wasserglas (Natriumsilicat). Oder man wickelte sie einfach in Zeitungspapier. Achten Sie beim Lagern auf Folgendes:

1

Setzen Sie Ihre Eier »kopfüber«, also mit der Spitze nach unten, in die Eierkiste. So befindet sich die Luftkammer oben, wird nicht zusammengedrückt und der Dotter bleibt schön in der Mitte.

2

Reinigen Sie die Mulden der Eierkiste regelmäßig.

3

Entfernen Sie alle zerbrochenen Eier und Knickeier.

4

Die Eier vor der Aufbewahrung nicht waschen: Damit würden Sie das Oberhäutchen auf der Schale zerstören, das den Inhalt vor Bakterien schützt. Vorsichtiges trockenes Abwischen der Eier genügt.

5

Im Zweifel schlagen Sie die Eier vor der Verwendung einzeln in eine Schüssel auf, um den Inhalt zu kontrollieren.

6

Es ist nicht zu empfehlen, Eier im Kühlschrank aufzubewahren. Ist es Ihnen während einer Hitzeperiode im Sommer nicht möglich, die Eier bei unter 18 °C zu lagern, sollten Sie sie jedoch kühlen. Unterbrechen Sie in diesem Fall die Kühlkette nicht mehr, denn die so verursachte Kondensation würde die Entwicklung von Keimen begünstigen. Nehmen Sie stets nur die benötigte Anzahl von Eiern aus dem Kühlschrank. Auch gekühlte Eier sollten jedoch bei Raumtemperatur verwendet werden. Küchenregel Nr. 1 ist daher, sie eine gute Stunde vor der Verarbeitung aus dem Kühlschrank zu nehmen.

EINE WOHLVERDIENTE RUHEPAUSE

Nach dem Eierlegen gönnen die Hühner sich nicht selten ein Päuschen. Im Schatten eines Baumes oder des Hühnerstalls ruhen sie sich aus, bevor sie ihre normalen Aktivitäten wieder aufnehmen.

AUFBEWAHRUNG VON EIERN

Frische Eier sind bei 9–18 °C und trocken gelagert mindestens 4 Wochen haltbar. Es ist hilfreich, das Legedatum auf dem Ei zu notieren: Dazu können Sie einen ungiftigen/lebensmittelechten Filzstift oder Ölkreidestift verwenden.

- Man sieht oft, dass Eier im Kühlschrank aufbewahrt werden, doch das ist nicht nur unnötig, die Eier können aufgrund ihrer porösen Schale auch Gerüche annehmen. **Stellen Sie also Ihre Eier nicht in den Kühlschrank.**
- **Lagern Sie Eier mit der Spitze nach unten,** damit der Eidotter in der Mitte bleibt.
- **Wischen Sie verschmutzte Eier mit einem Lappen ab** oder bürsten Sie sie vorsichtig sauber. Waschen macht die Schale durchlässig.

Frische Eier sind, trocken und bei 9 bis 18 °C gelagert, mindestens 4 Wochen haltbar.

- **Das Legedatum fehlt oder ist verwischt?** Machen Sie den Wasserglas-Test: Füllen Sie einen Messbecher mit Wasser und geben Sie das Ei hinein. Geht es unter und liegt am Boden, ist es frisch. Bleibt es in der Mitte des Bechers, ist es etwa zehn Tage alt, kann aber gekocht verzehrt werden. Wenn es oben schwimmt, eignet es sich noch für Kuchen (schlagen Sie es vorsichtshalber separat auf und prüfen Sie den Geruch – riecht es neutral nach Ei, können Sie es zum Backen verwenden). Beim geringsten Zweifel werfen Sie es weg.
- **Um Eier etwas länger aufzubewahren**, können Sie sie kochen. Ein hart gekochtes Ei mit Schale hält sich im Kühlschrank etwa zwei Wochen.
- **Sie können rohe Eier ohne Schale einfrieren** (die Schale würde platzen); so halten sie sich bis zu vier Monate. Frieren Sie auch beim Backen übrig gebliebenes Eiweiß für ein anderes Rezept ein. Tiefgekühlte Eier nur aufgetaut und gegart verwenden.

Eine Woche mit meinen Hühnern

MONTAG BIS FREITAG

Futter und Wasser

Morgens die Tränke **ausspülen** und das **Wasser wechseln**. Die Futterration verteilen.

Abends das **nicht verbrauchte Futter wieder entnehmen** und den **Futternapf** bei Bedarf **ausspülen oder gründlich reinigen**.

Eier

Morgens nach dem Hinausgehen der Hühner **die Eier einsammeln**.

Sonstiges

Die **Hühner beobachten**, um Veränderungen in ihrem Verhalten oder Krankheitsanzeichen festzustellen.

Groben Hühnermist aus der Einstreu **entfernen**.

Die **Einstreu im Legenest kontrollieren** und bei Bedarf auswechseln.

Wenn es heiß ist, den Hühnern mehr Wasser geben als gewöhnlich (bis zu 1 l pro Huhn).

Wenn es kalt ist, darauf achten, dass es den Hühnern im Stall warm genug ist; ansonsten eventuell mit Stroh isolieren.

SAMSTAG UND SONNTAG

Futter und Wasser

Morgens die **Tränke gründlich reinigen** und frisches Wasser einfüllen. Das Futter verteilen. Dem Wasser 250 ml Thymiantee und 1 Esslöffel grüne Tonerde zugeben, um Krankheiten vorzubeugen.

Abends das **nicht verbrauchte Futter wieder entnehmen** und den **Futternapf gründlich reinigen**.

Eier

Morgens nach dem Hinausgehen der Hühner **die Eier einsammeln**.

Sonstiges

Die Flügel und die Schwanzwurzel der Hühner auf Parasiten **untersuchen**.

Bei einem **mobilen Hühnerstall** den **Standort wechseln**.

Die Einstreu reinigen, auffüllen oder bei Bedarf auswechseln.

Den Hühnerstall putzen und aufräumen.

Die Verriegelung der Tür und der Umzäunung **kontrollieren**.

Falls Sie zu Hause sind, können Sie **die Hühner für ein paar Stunden frei laufen lassen**. Haben Sie kein geeignetes Grundstück, beschäftigen Sie die Hühner (siehe Seite 112).

Die bei den Hühnern getragenen **Gummistiefel und Handschuhe abwaschen**.

AKTIVPROGRAMM

Die Hühner gackern den ganzen Tag und verwenden dabei etwa dreißig verschiedene Laute; außerdem verständigen sie sich untereinander durch diverse Gesten und körperliche Interaktionen.

DER FREILAUF

Wenn Sie **die Hühner jeden Tag zumindest für kurze Zeit frei laufen lassen** können, ist dies ideal für ihr Wohlbefinden, selbst wenn es nur ein Stündchen am Spätnachmittag ist. Die Hühner kennen bald ihren Freilauf und finden leicht die Ecken, in denen sie nach Grünfutter und Würmern picken, Schatten finden, im Sand baden können…

BESCHÄFTIGUNG FÜR DIE HÜHNER

Falls Sie nicht viel Platz für Ihre Hühner haben, denken Sie daran, sie zu beschäftigen.

- **Mit einem im Gehege aufgehängten Spiegel** (gut befestigen, damit er nicht auf die Hühner fällt). Manche schauen einfach hinein, andere versuchen einen Angriff oder wollen schauen, wer sich dahinter verbirgt…
- **Mit aufgehängtem Futter:** Befestigen Sie ein Bündel Gemüseschalen oder auch einen ganzen Kohlkopf an einem Seil 50 cm über dem Boden; die Hühner picken gern daran herum.
- **Bringen Sie eine Schaukel an** – Hühner lieben es, sich auf Stangen zu hocken und herunterzuspringen. Die Schaukel sollte nicht zu breit sein (etwa 4 cm), damit die Hühner sie mit den Krallen gut umfassen können. Bohren Sie an beiden Enden der Leiste oder des Astes ein Loch, ziehen Sie ein Seil hindurch und verknoten Sie es unter dem Ast. Hängen Sie die Schaukeln in der gewünschten Höhe im Hühnerstall oder im Auslauf auf.

Hühnerbetreuung im Urlaub

EIN WOCHENENDE

Hier gibt es verschiedene Möglichkeiten:

Den Hühnerstall offen lassen, das Gehege gut verschließen. Die Futter- und Wasserration für zwei Tage aufstellen.

Den Hühnerstall schließen, die Hühner draußen lassen; die Hühner schlafen im Freien. Futter und Wasser für zwei Tage aufstellen. Nach Ihrer Rückkehr auf Eiersuche gehen.

Futter und Wasser für zwei Tage austeilen und **einen Nachbarn bitten**, den Hühnerstall zu öffnen und zu schließen – im Gegenzug bekommt er frische Eier.

Die Hühner nur nach draußen lassen, wenn der Auslauf ringsum gut eingezäunt ist.

1 BIS 3 WOCHEN ABWESENHEIT

Bitten Sie **einen oder mehrere Nachbarn um Hilfe**: täglich die Stalltür öffnen, Eier einsammeln, Futterration austeilen, Wasser wechseln, Einstreu kurz reinigen, Stalltür schließen.

Bereiten Sie für die Tage Ihrer Abwesenheit die Trockenfutterrationen in dicht schließenden Eimern vor und verteilen Sie eine dickere Schicht Einstreu als sonst im Stall.

Revanchieren Sie sich mit einem Gefallen oder schenken Sie den Nachbarn frische Eier.

HÜHNER MIT IN DEN URLAUB NEHMEN

Wenn Sie nur zwei Hühner haben und sich nicht vorstellen können, sie allein zu lassen, **können Sie sie auch mitnehmen**. Kaufen oder bauen Sie dafür einen **Reisestall** (Kleintierstall).

SCHLAFENSZEIT

Mit Einbruch der Dämmerung begeben die Hühner sich von selbst auf ihre Schlafstangen, wo sie in Sicherheit sind.

DIE ABENDLICHEN RITUALE

Der abendliche Ablauf ist stets ähnlich. Bei Einbruch der Dunkelheit:

- Die **Hühner fressen noch ein paar Körner,** um für die Nacht versorgt zu sein. Achten Sie darauf, dass noch Futter im Napf ist.
- **Hühner nehmen immer denselben Platz ein,** je nach der Hackordnung im Stall. Hin und wieder kommt es zu kleinen Veränderungen. Für jedes Huhn gibt es einen Platz im Stall.
- Vergewissern Sie sich, dass **alle Hühner in den Stall zurückgekehrt** sind.
- Nutzen Sie die Gelegenheit, um die **Hühner kurz zu inspizieren** und eventuelle Wehwehchen zu versorgen: ein verletzter Kamm, eine geräuschvolle Atmung…

Hühner nehmen, je nach der Hackordnung im Stall, immer denselben Platz ein.

- Achten Sie darauf, dass sich **kein Huhn für die Nacht im Legenest** niederlässt, es würde sonst verschmutzt – und damit auch die Eier. Falls dies vorkommt, stellen Sie abends ein Brett oder eine Kiste vor die Legenester, damit das Huhn diese schlechte Angewohnheit ablegt.
- Wichtig ist, die **Tür gut zu verschließen,** damit die Hühner sicher sind.
- **Leeren Sie draußen Napf und Tränken,** um keine wilden Tiere oder Schadnager anzulocken.

Eier verkaufen

Sie haben mehr Eier als nötig? Sie würden gern welche verkaufen? Dazu gibt es zwei Möglichkeiten: Verkauf vor Ort oder auf dem Markt.

Frische Eier

Ein Ei kann problemlos bis zu 28 Tage nach dem Legedatum verzehrt werden; so lange gilt auch das MHD. Im Handel werden diese Eier als „frische Eier" bezeichnet, es sind Eier der Güteklasse A. Als „extra frisch" gekennzeichnete Eier dürfen nur bis 9 Tage nach dem Legen verkauft werden, ab dem 10. Tag gelten sie als „frische" Eier. Allerdings gelten bei einer solchen Sortierung strengere Regeln.

Direktvermarktung

Sie können problemlos Ihre Eier privat von der Haustür weg verkaufen oder direkt an Verbraucher (bis 100 km entfernt) liefern. Dafür reicht eine Meldung an das Veterinäramt. Natürlich müssen die Eier dafür intakt und sauber sein. Sie verkaufen sie dann lose und unsortiert von 30er Paletten oder aus Körben. Die Eier brauchen keine Erzeugercode, sollten aber das Legedatum tragen.

Markt und Handel

Für den Verkauf auf dem Markt oder im Handel gelten strengere Regeln. Sie müssen die Eier nach Gewicht sortieren (siehe Seite 103), in Kleinverpackungen (z.B. 6er oder 10er Kartons) abgeben.

Außerdem muss der Verkauf behördlich genehmigt werden. Der Halter – auch ein kleiner Erzeuger – muss sich registrieren lassen, einen Erzeugercode beantragen und alle zum Verkauf angebotenen Eier mit diesem Code (Eierstempel) kennzeichnen, um die Rückverfolgung zu ermöglichen. Je nach Bundesland kann eine Gewerbeanmeldung und/oder eine Meldung beim Veterinäramt notwendig sein – erkundigen Sie sich nach den für Ihren Wohnort geltenden Bestimmungen.

Der Erzeugercode auf dem Ei

Ländercode
DE = Deutschland

Betriebsnummer:
Die beiden ersten Stellen geben das Bundesland an, die dritte bis sechste Stelle den Betrieb und die siebte Stelle den jeweiligen Stall

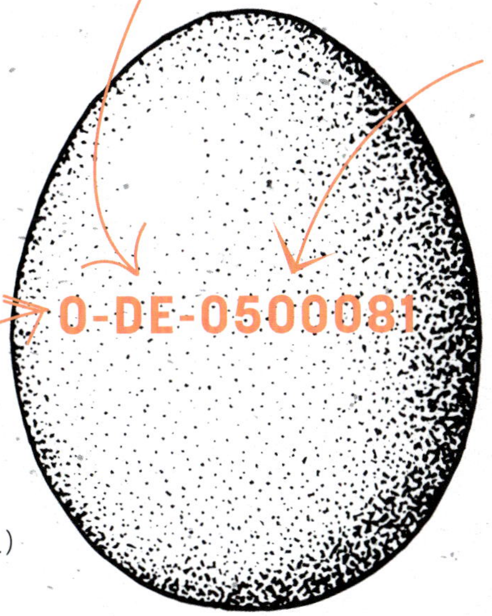

Haltungsform (s. u.)

0
Ökologische Erzeugung

1
Freilandhaltung

2
Bodenhaltung

3
Kleingruppenhaltung/Käfighaltung

01=Schleswig-Holstein
02=Hamburg
03=Niedersachsen
04=Bremen
05=Nordrhein-Westfalen
06=Hessen
07=Rheinland-Pfalz
08=Baden-Württemberg
09=Bayern
10=Saarland
11=Berlin
12=Brandenburg
13=Mecklenburg-Vorpommern
14=Sachsen
15=Sachsen-Anhalt
16=Thüringen

Anfängerfehler, die Sie vermeiden sollten

1

Zu kleines Gehege/zu geringer Auslauf

Wenn der Auslauf Ihrer Hühner zu klein ist, steht ihnen nicht genug Gras – ihr Hauptfutter – zur Verfügung. Der Auslauf besteht rasch nur noch aus Schlamm, die Hühner sind entsprechend schmutzig. Dies kann Parasitenbefall und Krankheiten begünstigen. Die Hühner sind gestresst, und es können Verhaltensauffälligkeiten auftreten.

2

Das falsche Futter

Hühner haben ganz spezielle Bedürfnisse: Sie benötigen nährstoffreiches und abwechslungsreiches Futter. Falls Sie Fertigmischungen kaufen, sollte es frei von Zusatzstoffen sein.

3

Mangel an Hygiene

Im Hühnerstall ist unbedingt auf tadellose Hygiene zu achten, damit es nicht zu unangenehmen Gerüchen und Krankheiten kommt oder sich Nagetiere einnisten.

Die tägliche Reinigung ist vielleicht etwas lästig, doch mit der Zeit und der Erfahrung benötigen Sie dafür nur ein paar Minuten.

4

Die Gefahr von Parasiten und Krankheiten unterschätzen

Es kommt häufig vor, dass Hühner von Parasiten befallen werden. Damit muss man rechnen, muss wachsam sein und vorbeugen. Sorgen Sie dafür, dass Ihre Hühnerapotheke vollständig ist (siehe Seite 131), und seien Sie für alles gewappnet.

Bei Parasiten wie Läusen warten Sie nicht bis zu einem starken Befall, sondern beugen Sie mit Kieselgur vor und suchen Sie Ihre Hühner regelmäßig ab.

Bei einer leichten Erkältung ist es besser, den Hühnern sofort einen frischen Thymiantee zu verabreichen, als abzuwarten, ob es ihnen am nächsten Tag besser geht.

Mit ausreichend Platz, tadelloser Hygiene, hochwertigem und abwechslungsreichem Futter sowie Ihrer aufmerksamen Beobachtung der Hühner können Sie so manchen Krankheiten und Parasiten Paroli bieten.

5

Fressfeinde unterschätzen

Nicht selten klagen Hühnerhalter über verheerende Schäden durch Füchse, die binnen weniger Tage einen ganzen Hühnerhof vernichten können. Diese Gefahr sollten Sie nicht auf die leichte Schulter nehmen und Ihre Hühner gut vor Fressfeinden schützen!

Sie haben noch nie einen Fuchs oder Marder auf Ihrem Grundstück herumstreifen sehen? Das bedeutet nicht, dass es keine gibt. Sichern Sie Hühnerstall, Gehege und Auslauf gut ab.

SCHUTZ UND PFLEGE

TADELLOSE HYGIENE

Geflügel ist allgemein recht robust und wenig krankheitsanfällig. Mit vorbeugenden Maßnahmen und guter Hygiene haben Sie schon das meiste getan, was möglich ist.

REINIGUNG DES HÜHNERSTALLS

Alle sechs Monate müssen Sie den Hühnerstall gründlich reinigen und sogar desinfizieren.

- Zuerst mit einem Besen **alle organischen Materialien, Abfälle und Hinterlassenschaften aus dem Stall kehren** und die Spinnweben entfernen.
- Einen Zementboden können Sie **mit dem Schlauch abspritzen**, aber setzen Sie dabei nicht den Stall und das Gehege unter Wasser.
- Nun alles **mit speziellen Desinfektionsmitteln einsprühen**, natürlich ohne dass ein Huhn in der Nähe ist. Geeignete Desinfektionsmittel finden Sie im Fachhandel (siehe auch das Rezept für Reinigungs- und Desinfektionsmittel, Seite 124). Beachten Sie genau die beigefügte Gebrauchsanleitung.
- Nutzen Sie den Großputz, um zugleich den Zustand des Hühnerstalls zu überprüfen **und eventuelle Schäden aufzuspüren**, etwa kleine Löcher, die durch Abnutzung größer werden könnten, sodass Fressfeinde hindurchpassen.

Ein guter Hühnerhalter inspiziert regelmäßig oder sogar täglich Stall, Gehege und Umzäunungen. Alles, was nicht in Ordnung ist, muss schnellstmöglich repariert werden.

IM AUSLAUF

Wenn Ihr Auslauf nur klein ist, **müssen Sie ihn umso sorgfältiger sauber halten**. So schützen Sie Ihre Hühner vor Parasiten und Bakterien, die sich bevorzugt dort ansiedeln, wo Tiere auf beengtem Raum zusammengepfercht sind.

Badetag fürs Huhn

Schlamm, verkrustete Kotreste ... es kommt eher selten vor, dass man einem Huhn beim Putzen helfen muss. Hier dennoch einige Tipps:

1

Gröberen, verkrusteten Schlamm und/oder Kotreste im Gefieder zunächst etwas zerbröseln.

2

Einen Bottich 15 cm hoch mit lauwarmem Wasser füllen, sodass die Beine der Hühner ganz im Wasser stehen.

3

Einen Teelöffel Olivenöl-Seifenflocken oder Kernseifenflocken im Wasser auflösen.

4

Das Huhn einfangen wie auf Seite 127 beschrieben und in den Bottich setzen; nur die verschmutzten Bereiche nass machen und waschen.

5

Das Huhn sorgfältig mit einem Handtuch abtrocknen, bevor Sie es wieder freilassen.

Umweltfreundliches Putz- und Desinfektionsmittel

REZEPT 1

Zutaten (gründlich vermischen)

1 l warmes Wasser

2 Esslöffel Olivenöl-Seifenflocken, Kernseifenflocken oder Schmierseife

6 Esslöffel Haushaltsessig

Anwendung

Mit dem Mittel können Sie alle Bereiche und Gegenstände im Hühnerstall reinigen, ohne die Gesundheit Ihrer Hühner zu gefährden. Füllen Sie die Mischung in eine Sprühflasche, um sie stets zur Hand zu haben.

REZEPT 2

Zutaten (gründlich vermischen)

1 l warmes Wasser

2 Esslöffel Natron (Kristall-Soda)

30 Tropfen Teebaumöl (ätherisches Öl)

Anwendung

Handschuhe anziehen und alle Bereiche und Gegenstände im Hühnerstall mit dieser Lösung reinigen. Mit reichlich Wasser abwaschen.

Der Boden muss einen Ablauf haben oder gut drainiert sein. Im und um den Hühnerstall dürfen keine Pfützen stehen, vor allem bei milden Temperaturen, wenn sich schneller Bakterien ausbreiten.

- Sie können den **Boden ebnen und Gras einsäen**.
- **Verlegen Sie den Auslauf mehrmals im Jahr** (dafür ist ein mobiler Hühnerstall ideal).

DIE AUSSTATTUNG

Täglich reinigen und wöchentlich desinfizieren. Kleine und leichte Gegenstände sind einfacher zu reinigen als feste Installationen.

> Denken Sie daran, das Hühnerfutter trocken und kühl zu lagern, am besten in Eimern oder Kisten aus Kunststoff mit Deckel.

SAUBERE HÜHNER

Kontrollieren Sie vor allem bei feuchtem Wetter, **ob Ihre Hühner sauber sind**. Es kann passieren, dass sie so voller Schlamm sind, dass sie sich nicht allein sauber machen können (siehe Seite 123).

DER HALTER

Gesundheitsrisiken zu minimieren bedeutet auch, dass der Halter einfache Regeln beachtet:

- **Vor und nach dem Besuch im Hühnerstall die Hände waschen.** Bei allen schmutzigen Arbeiten Handschuhe tragen.
- **Die Gummistiefel und Handschuhe stets gut säubern.** Dies gilt vor allem, wenn Sie sich einmal um andere Hühner als Ihre kümmern müssen – so vermeiden Sie die Übertragung von Keimen.

Putzplan für den Hühnerstall

JEDEN TAG

Groben Kot aus der Einstreu **entfernen**.

Das Nest in den Legekästen **kontrollieren** und bei Bedarf auswechseln.

Futternäpfe und Tränken **leeren und reinigen**.

AM WOCHENENDE

Einstreu nach Bedarf **auffüllen**.

Futternäpfe und Tränken mit Seifenwasser **reinigen** und mit Essig a**usspülen**.

Im Stall benutzte Gummistiefel und Handschuhe **abwaschen**.

EINMAL MONATLICH

Nester, Sitzstangen und Boden **abschaben, putzen und trocknen**.

ALLE SECHS MONATE

Im Frühjahr und Herbst den gesamten Hühnerstall **desinfizieren**. Dazu 150 ml Chlorbleichlauge auf 1 l Wasser verwenden, 15 Minuten einwirken lassen und gründlich abspülen. Achten Sie dabei auf Ihre Sicherheit - es können ätzende Dämpfe entstehen.

Nach dem Trocknen den Hühnerstall **kalken**; der Kalk absorbiert Feuchtigkeit.

EIN HUHN UNTERSUCHEN

Ein Huhn, dem etwas fehlt, kann hinken, teilnahmslos wirken, Futter verweigern, Federn verlieren… In diesem Fall muss man es gründlich untersuchen.

WIE UNTERSUCHT MAN EIN HUHN?

- Auch wenn man die **Hühner nicht ständig anfassen** soll, müssen Sie sich die Zeit nehmen, sie gründlich zu untersuchen, wenn Sie den Verdacht auf Parasiten, Läuse oder anderes Ungeziefer haben, dieses in der Einstreu entdecken oder manche Hühner sich häufiger kratzen als gewöhnlich.
- **Ein Huhn einzufangen, ist gar nicht so einfach.** Abends, wenn ein Huhn ruhig und schon im Halbschlaf auf seiner Stange sitzt, ist es am einfachsten. Tagsüber locken Sie es mit Futter an (etwa einem langen Regenwurm aus dem Kompost; die Schwarte von Kochschinken ist auch ein guter Köder).
- **Das Huhn an den Beinen fassen,** umdrehen und seine Flügel vorsichtig unter den Arm klemmen, damit es sich möglichst wenig bewegen kann. Nun untersuchen Sie es von Kopf bis Fuß. Diese traditionelle Methode tut dem Huhn nicht weh, auch wenn es versuchen wird, den Kopf frei zu bekommen und nach Ihnen zu hacken.
- **Das Huhn zum Untersuchen mit beiden Händen fassen.** Äußere Parasiten des Huhns sind leicht zu entdecken. Kleinere Exemplare erkennt man an ihren Spuren auf den Hühnern.
- **Für Anfänger ist es einfacher, zu zweit vorzugehen:** Einer hält das Huhn fest, der andere untersucht es. Sie können dem Huhn auch die Augen verdecken, im Dunkeln wird es ruhiger.

ZUSÄTZLICHE KONTROLLEN

Wenn Sie das Huhn aufgrund des festgestellten Problems untersucht haben, nutzen Sie die Gelegenheit für weitere Kontrollen.

- Zuerst **den Kamm** inspizieren: Verletzungen, eine blasse Farbe, Trockenheit oder schwarze Flecken können ein schlechtes Zeichen sein.
- **Das Gefieder** am Halsansatz, um die Schwanzwurzel und unter den Flügeln auf Parasiten kontrollieren. Sie können die Parasiten selbst oder ihre am Ansatz der Federn sitzenden Eier/Nissen beobachten.
- Während Sie auf der Suche nach Parasiten die Federn anheben, kontrollieren Sie zugleich, ob **die Haut** Verletzungen aufweist. Sie muss gleichmäßig gefärbt sein.

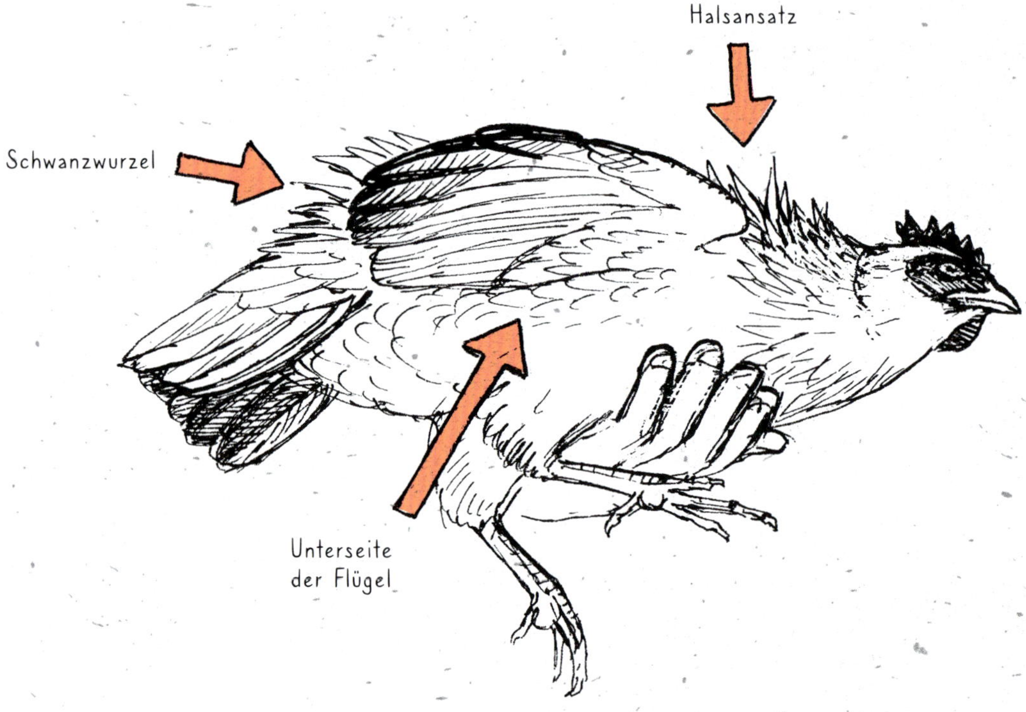

- **Krallen und Schnabel** müssen in gutem Zustand sein (weder abgewetzt noch – im Falle der Krallen – zu lang).
- **Die Atmung** eines Huhns lügt nicht. Hören Sie genau hin: Normalerweise ist die Atmung leise und gleichmäßig. Bemerken Sie Atembeschwerden oder Unregelmäßigkeiten, beobachten Sie das Huhn. Kontrollieren Sie seine Atmung nicht kurz nach dem Einfangen, da es dann gestresst ist und rascher atmet als gewöhnlich. Warten Sie, bis es sich beruhigt hat.
- Kontrollieren Sie, ob das Huhn **kein Untergewicht** hat: Wenn Sie den Bereich direkt vor den Beinen abtasten, dürfen Sie keine Knochen spüren. Dies ist der Platz der Hühnerbrust. Fühlen Sie hier nur flache Knochen, ist das Huhn zu mager.
- **Wenn das Huhn beringt ist**, kontrollieren Sie, ob es im Bereich des Rings keine Schwellungen oder Hautreizungen hat.
- **Achten Sie auf die Schuppen an den Beinen**, die ganz glatt sein müssen. Schauen Sie auch darunter – kleinere Verletzungen sitzen in der Regel dort.

WENN ES PROBLEME GIBT

Manche Krankheiten lassen sich leicht behandeln oder sogar vermeiden, vor allem durch einwandfreie Hygiene. Andere sind unheilbar, etwa die Newcastle- oder die Marek-Krankheit. In diesem Fall das kranke Huhn isolieren oder opfern, damit es die anderen nicht ansteckt.

- **Das Huhn aufmerksam beobachten.** Kauert es teilnahmslos in einer Ecke und wirkt schwach und erschöpft, ist dies ein Krankheitszeichen.
- **Isolieren Sie das kranke Huhn** und kontaktieren Sie den Tierarzt. Medikamente sind in der Regel verschreibungspflichtig.
- Halten Sie sich an die auf dem Beipackzettel **empfohlene Dosierung** und die **Anwendungshinweise**. Der behandelnde Tierarzt gibt Ihnen weitere Informationen. Medikamente werden den Hühnern meist über das Trinkwasser oder das Futter verabreicht. Tragen die Sie die Anwendung in das Bestandsbuch ein.
- Bei einer ansteckenden Krankheit **reinigen und desinfizieren Sie den Hühnerstall,** das Gehege und den Auslauf.

VORBEUGENDE MASSNAHMEN

Um Krankheiten auf sanfte Weise vorzubeugen, kochen Sie **1 l starken Thymiantee** und geben sie **1 Esslöffel grüne Tonerde** hinzu. Diesen Cocktail servieren Sie Ihren Hühnern einmal im Monat, vor allem zum Wechsel der Jahreszeiten.

Wenn ein Huhn erkrankt ist, sollten Sie es **in Quarantäne setzen** und die anderen Hühner gut beobachten.

Im Winter geben Sie einmal wöchentlich ½ gehackte Knoblauchzehe und einmal täglich 2 g Kieselgur zum Hühnerfutter.

Zu Beginn des Frühjahrs geben Sie 10 Tage lang **1 Esslöffel grünes Tonerdepulver** auf 2,5 l Trinkwasser.

Im Sommer geben Sie einmal wöchentlich **½ gehackte Knoblauchzehe** zum Hühnerfutter.

Im Herbst geben Sie einmal täglich **2 g Kieselgur** zum Hühnerfutter und 10 Tage lang täglich **1 Esslöffel Apfelessig auf 2,5 l Wasser**.

GRUNDLEGENDE MASSNAHMEN

Wenn Sie kranke Hühner versorgen, tragen Sie Handschuhe und reinigen Sie diese nach jedem Gebrauch.

Wenn Ihre Pflege nicht hilft und Sie nach einer Woche keine deutliche Verbesserung erkennen, **konsultieren Sie einen Spezialisten** (auf dem Land findet man leichter einen Tierarzt für Hühner als in der Stadt).

Die Hühnerapotheke

Grundausstattung

Wunddesinfektionsmittel (zum Beispiel Betaisadona oder Octenisept) • Wasserstoffperoxidlösung (3 %) • Pyrethrum-Pulver (gegen Milben) • Schwefel/Schwefelblüte • Vaseline • Wacholderöl (gegen Kalkbeine/Krätzmilben)

Handschuhe • Kompressen • Spritzen zum Aufziehen in verschiedenen Größen • Ringe zur Kennzeichnung zu beobachtender Hühner • Schere • Pinsel zum Auftragen von Öl auf die Beine • Wattestäbchen zum exakten Auftragen von Produkten

Hausmittel

Ätherisches Thymianöl Typ Thujanol (antiseptisch) • ätherisches Teebaumöl (antiseptisch) • ätherisches Lavendelöl (Lavandula officinalis oder Lavandin, Insektizid) • loser getrockneter Thymian • grünes Tonerdepulver (Wunden, Prellungen, Blutergüsse, Durchfall…) • Kieselgur (antiparasitär} • Thymianhonig (Wundheilung bei kleinen Wunden) • Apfelessig (gegen Kokzidiose) • Lebertran (Stärkung der Abwehrkräfte, vitaminreich) • getrocknete Brennnesseln (Stärkung des Organismus)

Impfungen

Vorschrift ist die Impfung gegen die Newcastle-Krankheit. Empfohlen werden Impfungen gegen die Marek-Krankheit (Impfung in der Regel im Kükenalter), die Gumboro-Krankheit (infektiöse Bursitis) oder die infektiöse Bronchitis.

Erkundigen Sie sich bei Ihrem Tierarzt.

KLEINE WEHWEHCHEN

Für (fast) jedes Problem gibt es eine Lösung, die für Ihre Hühner und für Sie unschädlich ist. Die meisten der folgenden Heilmittel sind im Handel erhältlich.

STRESS

Man liest oft: **Hühner sollten nicht gestresst werden**. Sie sind anfällig für Herzprobleme, und zwar daher, weil ihre Herzfrequenz viel höher ist als die eines gleich großen Säugetieres. Dies ist Grund genug, für größtmögliche Ruhe unter den Hühnern zu sorgen: Vermeiden Sie Veränderungen und abrupte Bewegungen.

ABSZESS AN DEN BEINEN ODER ZEHEN

Kontrollieren Sie sorgfältig die Beine Ihrer Hühner. Die Schuppen sind nicht durch Federn geschützt, und es kommt häufig zu Abszessen (etwa Ballenabszessen).

Zur Linderung legen Sie für 15 Minuten eine mit lauwarmem Wasser angefeuchtete Kompresse auf, um das Gewebe aufzuweichen. Anschließend legen Sie eine zweite, mit Jodlösung oder einem anderen Antiseptikum getränkte Kompresse auf.

Sie können auch einen Tropfen ätherisches Teebaumöl direkt auf den Abszess tupfen.

DURCHFALL

Ihr Huhn hat Durchfall (gelblich, aber ohne Blut)? Vielleicht hat es aus einer modrigen Pfütze getrunken.

Geben Sie ihm täglich bis zur Besserung 3 Esslöffel eines Suds aus Römischer Kamille oder Echter Kamille (15 g Blüten in 1 l Wasser 5 Minuten kochen, abkühlen lassen und abseihen).

WUNDEN UND KLEINE VERLETZUNGEN

Das Tier isolieren, vor allem, wenn es blutet: Zu groß ist die Gefahr, dass andere Hühner Gefallen an Blut finden. Oberflächliche Verletzungen mit einem Wunddesinfektionsmittel reinigen und eine wundheilende Salbe auftragen. Das Huhn eine Weile absondern.

Eine natürlichere Lösung: einen desinfizierenden Thymiansud auftragen. Dazu eine Handvoll Thymian in 300 ml Wasser 10 Minuten kochen, abkühlen lassen und abseihen. Der Sud ist gekühlt 10 Tage haltbar. Sie können auch einen Tropfen ätherisches Lavendelöl (*Lavandula officinalis* oder Lavandin) direkt auf die Wunde auftragen (einmal täglich, 3–4 Tage lang).

Bei tieferen Wunden oder gebrochenen Gliedmaßen den Tierarzt aufsuchen.

HITZESTRESS

Hitze vertragen Hühner gar nicht gut. Ist es ihnen zu warm, lassen sie den Schnabel offen und atmen hechelnd. Bringen Sie sie vorerst an einem kühleren Ort unter und verabreichen Sie ihnen starken, lauwarmen oder kalten Brennnesselsud (30 g Brennnesseln in 1 l Wasser 15 Minuten kochen, abkühlen lassen und abseihen). Lassen Sie sie im Kühlen, bis sie wieder lebhafter werden.

KLEINE PARASITEN

Bei Parasitenbefall pudern Sie das Huhn mit Spezialpuder gegen den Strich der Federn, vor allem rings um die Schwanzwurzel, unter den Flügeln und am Halsansatz. Wiederholen Sie diese Prozedur 2 Wochen lang alle 3 Tage, um alle in der Zwischenzeit im Gefieder gelegten Parasiteneier abzutöten.

STÄRKUNG DES IMMUNSYSTEMS

Bei feuchten Wetterperioden stärken Sie das Verdauungssystem der Hühner mit ätherischem Oregano- und Nelkenöl. Für 2 Hühner: jeweils 1 Tropfen auf eingeweichtem Brot oder einem anderen Lieblingsleckerbissen Ihrer Hühner.

KRANKHEITEN

Bei guten Haltungsbedingungen sind Hühner ziemlich robust und werden selten krank. Feuchtigkeit und enges Zusammenleben sind jedoch Risikofaktoren. Ein krankes Huhn ist oft teilnahmslos, apathisch, lässt die Flügel hängen und hält sich abseits. Auch andere Anzeichen können auf eine Krankheit hindeuten. Die richtige Diagnose kann der Tierarzt mithilfe eines Abstriches stellen.

BAKTERIELLE INFEKTIONEN

Die meisten Hühnerkrankheiten sind bakterielle Infektionen. Diese werden durch den Kontakt mit unzureichend gereinigtem Boden begünstigt. **Eine Untersuchung des Hühnermistes gibt Aufschluss**: Gelbliche Ausscheidungen können auf Leberprobleme, Blutspuren auf einen Darmkatarrh hindeuten. Grüner Kot kann auf Newcastle-Krankheit, weißer Kot auf Verstopfung, Durchfall oder auch die Pullorumseuche (auch Weiße Kükenruhr, Hühnertyphus) hinweisen.

NEWCASTLE-KRANKHEIT

An dieser Viruserkrankung, auch Atypische Geflügelpest genannt, sind schon viele Hühner verendet: **Der Kamm verfärbt sich dunkel, das Huhn zeigt zentralnervöse Auffälligkeiten und hat Durchfall**. Seit der Impfpflicht ist diese Tierseuche seltener geworden, vor allem bei Hühnerhaltungen mit Auslauf. Die Krankheit ist meldepflichtig.

MAREK-KRANKHEIT

Die Marek-Krankheit oder Mareksche Krankheit (auch Geflügellähmung) wird durch ein **Hühner-Herpesvirus** verursacht. Sie geht mit Lähmungen einher und hat eine hohe Sterblichkeitsrate. Dagegen hilft ausschließlich die vorbeugende Impfung, die dringend empfohlen wird.

AVIÄRE INFLUENZA

Diese Vogelgrippe ist nicht auf den Menschen übertragbar, außer in Ausnahmefällen, bei sehr engem, direktem Kontakt. Es gibt zahlreiche niedrig pathogene und einige hochpathogene Formen, darunter das berühmte H5N1-Virus. Die hochpathogenen Formen sind sehr ansteckend, die Mortalität ist sehr hoch, ganze Bestände werden ausgelöscht. Daher werden in Europa **Maßnahmen ergriffen, um jegliche Kontamination zu vermeiden**, vor allem durch Zugvögel. Das Virus ist inzwischen bei Wildvögeln durchgängig vorhanden. Zugvögel verbreiten es insbesondere ab Herbst, dabei erkranken sie selbst häufig nicht. Vermeiden Sie möglichst jeden Kontakt zwischen Nutzgeflügel und Wildvögel. Die Krankheit ist meldepflichtig.

Außer in Ausnahmefällen ist diese Vogelgrippe nicht auf den Menschen übertragbar.

PULLORUMSEUCHE

Diese auch als **Hühnertyphus** bekannte schwere Erkrankung wird durch Salmonellenerreger ausgelöst und führt zu weißen Durchfällen. Sie wird über die Bruteier von den Elternvögeln auf die Küken übertragen und verbreitet sich auch über die Brutmaschinen. Durch strikte Hygienemaßnahmen und die nicht verpflichtende Impfung kann sie vermieden werden. Die Erkrankung ist heilbar, kann bei Küken jedoch binnen weniger Tage zum Tod führen. Geheilte Tiere sollten nicht mehr für die Zucht verwendet werden.

LEUKOSE

Diese Viruserkrankung führt zu Schwäche und Abmagerung sowie einer starken Vergrößerung von Leber und Milz. Sie ist nicht heilbar. Da das Virus häufig vertikal (transovariell) über die Bruteier auf die Küken übertragen wird, müssen auch die Nachkommen erkrankter Tiere getötet werden, sofern dies nach tierseuchenrechtlichen Bestimmungen angeordnet wurde.

KOKZIDIOSE

Die Kokzidiose wird durch innere Parasiten (Endoparasiten) ausgelöst, die den Darm befallen. Die Einzeller nisten sich in feuchter Umgebung wie der Einstreu ein und werden oral vom Huhn aufgenommen. Die Folge ist eine Anämie, die sich durch allgemeine Schwäche und hängende Flügel äußert. Die Krankheit führt zu möglicherweise blutigen Durchfällen und hat eine hohe Mortalitätsrate. Bei den ersten Anzeichen von Blut im Kot müssen Sie sofort handeln.

Vorbeugend ist Tonerde zu empfehlen: Geben Sie diese systematisch zum Futter oder zum Grit.

Zur Behandlung geben Sie 5 Tage lang 2 % Apfelessig ins Trinkwasser und verabreichen Sie zwei Wochen lang täglich 1 Teelöffel Traubenkernöl. Dieses können Sie mithilfe einer Spritze ohne Nadel direkt in den Schnabel träufeln, ohne das Huhn zu sehr zu stressen.

Vorbeugend ist Tonerde zu empfehlen.

Bei anhaltender Infektion einen Tierarzt konsultieren, da eine Behandlung mit Antibiotika erforderlich ist.

Eine Impfung gegen die Kokzidiose kann sinnvoll sein: Der Impfstoff wird einfach über eine Trinkwasserration verabreicht. Sind Ihre Hühner geimpft, behandeln Sie sie jedoch nicht mit Kokzidiostatika, Tonerde oder Essig, da dies die Wirksamkeit des Impfstoffs beeinträchtigt.

INFEKTIÖSE BRONCHITIS

Während der Mauser oder nach einem sonstigen Federverlust **kann das Huhn sich erkälten**. Symptome der durch Viren ausgelösten infektiösen Bronchitis sind starke Appetitlosigkeit, **Keuchen und Atemnot sowie Nasenausfluss**.

Verabreichen Sie dem Huhn mithilfe einer Spritze ohne Nadel Magnesiumchlorid: 4 Tage lang dreimal täglich 20 ml, vom 5. bis zum 9. Tag zweimal täglich 20 ml, vom 10. bis zum 13. Tag einmal täglich 20 ml.

Auch eine vorbeugende Schutzimpfung und die medikamentöse Behandlung über das Trinkwasser sind möglich; informieren Sie sich bei Ihrem Tierarzt.

ÄUSSERE PARASITEN (EKTOPARASITEN)

Außer Krankheiten können vielerlei Parasiten Ihren Hühnern schaden.

VORBEUGUNG

Um Parasiten fernzuhalten, richten Sie an einem trockenen Platz ein Sandbad ein: lockere Erde mit Sand und Holzasche vermischt in einer flachen Wanne, die jedoch so groß ist, dass die Hühner darin wühlen (»hudern«) können. Darin stauben sie sich ein und befreien sich von den lästigen Plagegeistern. **Etwas unter den Sand gemischte Kieselgur erhöht die Wirksamkeit.**

Wenn Sie mit der Hühnerhaltung beginnen, **sollten die Tiere entwurmt und mit einem Puder gegen Parasiten behandelt werden**. Diese Behandlungen sind regelmäßig zu wiederholen (den Tierarzt fragen) und können bei der Haltung von Legehennen, die bis zu 10 Jahre alt werden, notwendig sein.

REINIGUNG VON STALL UND GEHEGE

Parasiten können im Hühnerstall lange unbemerkt bleiben. Tagsüber verkriechen sie sich in den Ritzen oder in Löchern in der Wand. Erst nachts kommen sie heraus und krabbeln auf die Hühner, die zum Schlafen hereingekommen sind. Die oft nur stecknadelkopfgroßen Parasiten nisten sich an Wänden aus Zement oder Metall ebenso ein wie in Holz.

Die Behandlung mit einem wirksamen Insektizid schafft rasche Abhilfe, wenn man dabei gründlich vorgeht und nicht die kleinsten Ritzen vergisst. Behandeln Sie außerdem die Wände, Legenester und Sitzstangen mit Chlorbleichlauge. Achten Sie darauf, dass während der Behandlung keine Hühner im Stall sind.

Schließen oder verfugen Sie sämtliche Ritzen, in denen sich Parasiten verbergen könnten.

ROTE VOGELMILBE

Die Rote Vogelmilbe ist der häufigste Parasit an den Hühnern sowie auch im Hühnerstall, wo sie sich in den Ritzen zwischen Holzdielen oder an den Wänden einnistet. Sie kann für die Hühner sogar lebensgefährlich werden.

Spreizen Sie die Federn des Huhns, um eventuelle Schädlinge zu entdecken. Diese sind jedoch nicht immer leicht zu erkennen, zumal sie vor allem nachts aktiv sind und aus ihrem Versteck kommen.

Bringen Sie Milbenfallen im Stall an. Stapeln Sie in einer Ecke des Stalls vierfach gefaltete alte Geschirrtücher oder ein paar Bretter, um die Parasiten zu fangen. Um festzustellen, ob Ihr Hühnerstall befallen ist, genügt es, die Fallen zu kontrollieren. Dann können Sie zur Tat schreiten.

Stapeln Sie in einer Ecke des Stalls vierfach gefaltete alte Geschirrtücher oder ein paar Bretter, um die Parasiten zu fangen.

Behandeln Sie befallene Hühner jeden zweiten Tag morgens und abends, indem Sie das Gefieder (Rücken, unter den Flügeln, Schwanzwurzel) mit einer Mischung aus 150 ml Apfelessig, 5 Tropfen Lavendelöl (Echter Lavendel), 5 Tropfen ätherischem Rosengeranienöl und 150 ml Wasser einsprühen.

Durch die blutsaugenden Milben **leiden Ihre Hühner vielleicht unter Blutarmut**. Reichern Sie ihr Futter durch zerdrückte Blutwurst (ohne Pelle) mit viel Petersilie an. Geben Sie zwei Wochen lang reichlich gehackte Brennnesseln zum Grünfutter, etwa eine Handvoll pro Tag und Huhn.

Reinigen Sie bei einem Befall auch den Hühnerstall gründlichst, etwa mit Olivenölseife, wechseln Sie die Einstreu komplett aus und geben Sie getrockneten Rosmarin mit hinein. Mischen Sie ein Anti-Parasiten-Mittel (Kieselgur) in das Sandbad und streuen Sie Pyrethrumpulver in die Ecken des Stalls (zur Behandlung, nicht vorbeugend).

KALKBEINMILBEN

Kalkbeine sind eine weitere parasitäre Erkrankung. Diese wird durch eine Milbe verursacht, die sich in die Haut der Beine gräbt. Die Schuppen der Beine spreizen sich ab und verformen sich. Am übrigen Körper verliert das Huhn Federn.

Die Behandlung von Kalkbeinen ist recht einfach: Einen Eimer mit Seifenwasser vorbereiten und die Beine des Huhns hineintauchen, um die Verkrustungen aufzuweichen. Falls nötig, mit einer kleinen Bürste nachhelfen. Die Beine abtrocknen und mit einem öligen, einziehenden Produkt einpinseln, etwa mit Vaseline oder Wacholderöl (eventuell mit einem Insektenpulver oder Schwefelblüten versetzt). Diese Behandlung im Abstand von jeweils 2–3 Tagen zwei- bis dreimal wiederholen.

> Um die Verbreitung zu verhindern, Sitzstangen, Legenester, Futternäpfe und Ähnliches gründlich desinfizieren.

Um die Verbreitung unter den Hühnern zu verhindern, Sitzstangen, Legenester, Futternäpfe und Ähnliches gründlich desinfizieren.

WÜRMER

Würmer wie der Bandwurm und der Spulwurm können die Hühner ebenfalls schwächen und zu Abmagerung, Lähmungserscheinungen und schließlich zum Tod führen.

Oberstes Gebot zur Vermeidung von Wurmbefall: penibelste Stallhygiene! Wenden Sie im April und Juni zusätzlich eine Wurmkur an und geben Sie in den Brei der Hühner etwas Knoblauch, Thymian und gehackte Kürbiskerne. Im Krankheitsfall konsultieren Sie den Tierarzt.

Durch eine Wurmkur werden die meisten Endoparasiten bekämpft. Manche – wie der Gabelwurm (Luftröhrenwurm), der sich in der Luftröhre einnistet – sind sehr resistent. Bei einem Befall muss auch der Stallboden gründlichst gereinigt und desinfiziert werden.

FRESSFEINDE

Hühner können auch Fressfeinden zum Opfer fallen, selbst in städtischer Umgebung. Fuchs, Steinmarder, Baummarder, Iltis, Wiesel und Frettchen sind am gefährlichsten. Wenn es ihnen gelingt, in den Hühnerstall einzudringen, lassen sie nur wenige Überlebende zurück, vor allem der Steinmarder.

HUNDE UND KATZEN

Hunde und Katzen können **im Hühnerstall beträchtlichen Schaden anrichten**. Auch wenn sie sich in der Regel mit Hühnern vertragen, vor allem mit den ruhigeren Rassen, gilt es wachsam zu sein, besonders bei jungen Hühnern. Manche Hunde jagen gern Hühner oder verspeisen sie sogar zum Nachtisch!

FUCHS

Der eifrigste der Jäger. **Oft schleicht er gegen Ende des Tages oder sogar noch früher um den Hühnerstall herum.** Dreist pirscht er sich an, und um an sein Ziel zu gelangen, kann er kriechen, graben und klettern. Eine 2 m hohe Umzäunung schreckt ihn nicht ab, und er überwindet sie fast mühelos. Auch wenn er nicht blutrünstig ist, versucht er, alle anwesenden Hühner zu töten, denn sein Instinkt sagt ihm, dass seine Aufgabe erst erfüllt ist, wenn sich im Hühnerstall nichts mehr regt.

STEINMARDER

Der Steinmarder (wie auch der Baummarder) **liebt Eier – ebenso wie die Hühner** selbst. Er passt leicht durch Lücken von etwa 6 cm Durchmesser. Da er seine Opfer nicht mitnehmen kann, finden Sie diese oft ohne Kopf und/oder Eingeweide vor.

WIESEL

Das Wiesel **kann sich durch ein Loch von der Größe einer 2-Euro-Münze zwängen!** Angriffe durch Wiesel sind selten, doch wenn es in Ihrer Umgebung welche gibt, sollten Sie Löcher von mehr als 1 cm Durchmesser vermeiden.

MÄUSE, RATTEN UND IGEL

Diese tun sich am Hühnerfutter gütlich, und **für Igel sind auch die Hühnereier ein Leckerbissen**. Ratten können junge Hühner attackieren.

MENSCHEN

Der Mensch ist vielleicht sogar der übelste Feind von allen. Auf ihn ist der Begriff Hühnerdieb gemünzt. Ganz zu schweigen von Rasern, die aufgrund ihrer Fahrweise eine erhebliche Gefahr für herumstreunende Hühner darstellen.

RAUBVÖGEL

Raubvögel können Hühner mitnehmen, vor allem kleinere. Greifvögel wie Falken und Sperber, aber auch andere wie Raben und Elstern lassen sich eine so verlockende Beute nicht entgehen, besonders, wenn der Hühnerstall in der Nähe eines Waldgebietes steht. Der Bussard, oft zu Unrecht verdächtigt, jagt eher kleine Nager, kann sich jedoch auch für junges Geflügel interessieren. Daher müssen Hühnerstall und Gehege von oben gut durch eine Vergitterung oder einfach ein stabiles Netz gesichert werden.

DER BESTE SCHUTZ

Lassen Sie sich durch die Vielzahl an Fressfeinden nicht entmutigen, seien Sie einfach auf der Hut. **Nachts ist die Gefahr größer, richten Sie daher besonderes Augenmerk auf die Wände des Hühnerstalls.** Vergittern Sie alle Luftlöcher und verstopfen Sie alle Lücken. Doch auch tagsüber kann Gefahr drohen. Wenn Sie nicht da sind, lassen Sie die Hühner nur im von oben bis unten vergitterten Gehege.

VERHALTENSAUFFÄLLIGKEITEN

Manche Hühner stören durch besondere Eigenarten die Ruhe im Hühnerstall.

EIERFRESSER

Es kommt nicht selten vor, dass **Hühner ihre eigenen Eier fressen**!

Um dieses Verhalten zu unterbinden, sammeln Sie täglich die Eier ein, und wenn Sie den Hühnern Eierschalen ins Futter mischen, zerkleinern Sie diese gründlich, damit die Hühner sie nicht erkennen.

Tritt das Problem dennoch weiterhin auf, gibt es zwei Möglichkeiten:

- ein Legenest mit doppeltem Boden (selbst gebaut oder im Fachhandel)
- ein Senfei, um das eierfressende Huhn auszutricksen (siehe Seite 145).

Das betreffende Huhn leidet möglicherweise unter Kalzium- und Vitaminmangel – reichern Sie sein Futter entsprechend an.

FEDERPICKEN

Dieses Verhalten kommt häufig vor, wenn **zu viele Hühner auf engem Raum leben**. Manche Hühner hacken nach den anderen und reißen ihnen die Federn aus – dies ist ein Zeichen dafür, dass sie mehr Platz benötigen.

KÄMPFE UNTER HÜHNERN

Hühner zanken sich oft um das Futter, doch manchmal geht es bei den Kämpfen auch um die Hackordnung. Beobachten Sie Ihre Hühner, um den Grund herauszufinden.

Um zwei »Kampfhennen« zu trennen, **nehmen Sie eine Sprühflasche und spritzen Sie sie mit etwas Wasser nass.** Gehen Sie nicht mit bloßen Händen dazwischen, die Hühner hacken auch nach Ihren Händen!

EIERLEGEN AUSSERHALB DER NESTER

Vertrauen Sie Hühnern, die draußen Eier legen: Vermutlich gibt es im Legenest irgendein Problem (Parasiten, Zugluft, zu hell, zu schmutzig…). Manchmal genügt es, dies zu beheben, und die Hühner legen wieder im Nest.

Wenn Sie ein wildes Nest finden, versuchen Sie herauszufinden, zu welcher Henne es gehört, um zu schauen, ob sie abends zum Schlafen in den Stall zurückkehrt. Zerstören Sie das Nest und legen Sie einen Stein oder einen Holzklotz darauf, damit sie nicht wieder anfängt. Beobachten Sie die Henne.

SCHLAFEN IN DEN LEGENESTERN

Das ist eine schlechte Angewohnheit, die Sie besser unterbinden sollten. Woher wissen Sie, ob ein Huhn im Legenest schläft? Das erkennen Sie am Zustand des Nestes. In der Regel bleiben die Nester sauber, doch wenn eine Henne dort ihren Schlafplatz hat, wird es von Kot beschmutzt sein.

Sie können zunächst zur Schlafenszeit die Henne(n) **aus dem Nest holen und auf die Schlafstangen setzen;** in der Regel genügt dies.

Reicht es nicht aus, muss **nachts der Zugang zu den Legenestern versperrt** werden, entweder vorübergehend oder – in hartnäckigen Fällen – auch dauerhaft. Sie können einfach ein Brett davorstellen.

DRAUSSEN SCHLAFEN

Falls ein Huhn sich weigert, abends in den Stall zu gehen, weil es **lieber auf einem Baum schlafen** will, suchen Sie es und bringen Sie es in den Stall, bevor es zu großen Gefallen daran findet.

Im Wiederholungsfall beobachten Sie, wie das Huhn auf den Baum gelangt. Hüpft es vom Boden aus hinauf, schneiden Sie die niedrigsten Äste ab. Benutzt es ein Sprungbrett (Zaun, Holzklotz…), räumen Sie dieses weg oder versetzen Sie es.

Sie können dem Huhn auch die Federn eines Flügels stutzen, so kann es nicht mehr gut fliegen. Dies tut dem Huhn nicht weh, es sieht nur nicht so schön aus.

Senfeier herstellen

Wenn ein Huhn systematisch seine Eier frisst, sollte man es besser ein für allemal davon abbringen.

So gehen Sie dabei vor:

1

An beiden Enden eines rohen Eies ein kleines Loch in die Schale bohren. Einen Schaschlikspieß an einem Ende hineinschieben und am anderen wieder herausziehen, dann in eines der Löcher pusten, um den Inhalt herauszublasen.

2

Eines der Löcher mit Heftpflaster oder etwas Bienen- oder Kerzenwachs verstopfen.

3

Mithilfe einer Spritze das Ei mit einer Mischung aus scharfem Senf (oder Peperoni oder Pfeffer), Wasser und Öl füllen. Das zweite Loch verstopfen. Das Ei muss nicht ganz gefüllt sein, die einem Teelöffel entsprechende Menge genügt.

4

Das Senfei in das Legenest legen. Bei Bedarf mehrfach wiederholen.

Bestandsbuch

Kopiervorlage zum Ausfüllen zur Dokumentation Ihrer Hühnerhaltung.

Nr. und / oder Name

Geburtsdatum:

Züchter oder Herkunftsbetrieb:

Ankunftsdatum:

Rasse:

Beschreibung (Gefieder, Kamm...):

Impfungen

Impfstoff	Datum	Stempel

Beobachtungen

Datum	Notizen

Eier kochen – gewusst wie

Vor dem Verzehr sollten Eier reifen. Erst 5–7 Tage nach dem Legen haben sie den typischen Ei-Geschmack entwickelt. Sie lassen sich dann auch besser pellen als ganz frische Eier.

Weich gekochte Eier

1 l Wasser mit 1 Esslöffel Essig zum Kochen bringen. Die Eier, die Raumtemperatur haben sollten, vorsichtig in das kochende Wasser geben. Kochzeit für Eier der Größe M: 3 Minuten (für sehr große Eier 1 Minute länger).

Frische Eier verwenden.

Mittelhart gekochte Eier

Die Zubereitung von wachsweichen Eiern ist die gleiche wie bei weich gekochten Eiern. Kochzeit für kleine Eier: 4 Minuten, für große Eier: 5 Minuten.

Am besten frische Eier verwenden.

Hart gekochte Eier

Die Eier vorsichtig in kaltes Wasser geben und alles zum Kochen bringen. Kochzeit ab dem Aufwallen: 8 Minuten.

Hier können Sie auch nicht ganz so frische Eier verwenden (bis zu 21 Tage nach dem Legedatum).

Spiegeleier

In einer Pfanne 1 Stich Butter schmelzen lassen. Die Eier in die heiße Pfanne aufschlagen, die Temperatur reduzieren. Das Eiweiß salzen und pfeffern. Die Eier sind fertig, wenn das Eiweiß fest, das Eigelb jedoch noch flüssig ist.

Frische Eier verwenden

Rührei

Eier in eine Schüssel aufschlagen, salzen, pfeffern und mit einer Gabel verquirlen. Die Masse in eine heiße, gebutterte Pfanne gießen und mit einem Holzlöffel verrühren. Nicht zu lange braten, damit das Rührei nicht zu fest wird.

Hier können Sie auch nicht ganz so frische Eier verwenden (bis zu 21 Tage nach dem Legedatum).

Pochierte Eier

Einen großen Topf voll Wasser zum Kochen bringen und 1 Esslöffel Essig hineingeben. Nicht salzen, sonst gerinnt das Eiweiß nicht. Die Eier einzeln in kleine Kaffeetassen aufschlagen. Sobald das Wasser kocht, die Temperatur reduzieren und das Wasser mit einem Holzlöffel umrühren, sodass sich ein Strudel bildet. Ein Ei in die Mitte des Strudels geben, dabei vorsichtig weiterrühren, um das Eigelb mit dem Eiweiß überziehen. Das Ei aus dem Topf heben, sobald das Eiweiß fest ist, und sofort in kaltes Wasser tauchen, um den Garprozess zu stoppen. Auf diese Weise jedes Ei einzeln garen; das Wasser soll dabei stets leise köcheln.

Frische Eier verwenden.

Zusammenleben von Hühnern und anderen Tieren

Hühner, Hunde und Katzen

Wenn Sie einen Hund haben, überlegen Sie: Hat er einen ausgeprägten Jagdtrieb? Wäre er eine Gefahr für meine Hühner? Ist er verspielt? In der Regel wollen Hunde vor allem mit den Hühnern spielen – das kann diese allerdings so stressen, dass sie einen Herzstillstand erleiden. Ist Ihr Hund jedoch ruhig und friedlich, beginnen Sie mit einer Eingewöhnungsphase. Klappt alles gut, können Sie Hund und Hühner problemlos zusammen lassen.

Wenn Sie eine Katze haben, besteht die Gefahr, dass sie Küken angreift – Katzen sind schließlich Jäger.

Denken Sie daran, dass Ihre Hühner sehr wohl zwischen Ihrem Hund oder Ihrer Katze und fremden Tieren unterscheiden können. Wenn ein fremdes Tier in ihren Bereich eindringt, werden sie Alarm schlagen.

Hühner und wilde Gartenbewohner

Für Tiere, die kleiner sind als sie selbst, sind Hühner Fressfeinde. Mistkäfer, Hirschkäfer, Frösche, Salamander, Blindschleichen und kleine Eidechsen werden verspeist.

Tiere, die etwa so groß sind wie sie selbst (Igel, Elstern, Eichhörnchen, Schlangen) werden die Hühner durch Drohgebärden zu verscheuchen versuchen und sich dann schleunigst in Sicherheit bringen!

Gegenüber friedlichen Tieren wie Kaninchen siegt die Neugier der Hühner, und sie werden sie aus der Nähe betrachten.

Hühner und anderes Geflügel

Verschiedene Arten von Geflügel können problemlos zusammen gehalten werden.

Allerdings muss man dabei vor den Krankheiten und Parasiten auf der Hut sein, die jede Art mit sich bringen kann. Vorsicht auch bei Arten, die das Wasser lieben (Enten und Gänse): Es könnte passieren, dass sie in den Tränken der Hühner baden.

Wenn Sie mehrere Arten halten, beobachten Sie ihre muntere Wohngemeinschaft, seien Sie jedoch wachsam und greifen Sie bei Bedarf ein, um die Harmonie der Schar zu erhalten.

Hühner und große Nutztiere

Sie leben auf einem Bauernhof, Sie haben Ziegen, Schafe oder Pferde und wissen nicht, wie diese auf Hühner reagieren werden?

Hühner können mit fast allen anderen Tieren zusammenleben, sofern es keine Fressfeinde sind. Sie lernen auch schnell, den Hufen auszuweichen, um nicht zertreten zu werden.

Die einzige Gefahr ist das Ertrinken. Richten Sie Ihr Augenmerk besonders auf die Tränken der großen Tiere, die für Ihre Hühner tödlich sein können. Füllen Sie die Tränken randvoll, sodass die Hühner sich nicht hinunterbeugen müssen, falls sie daraus trinken wollen.

NACHWUCHS IM HÜHNERHOF

EIN HAHN IM HÜHNERHOF

Hähne und Hennen werden mit 5 oder 6 Monaten geschlechtsreif und damit bereit zur Paarung und Fortpflanzung.

DIE ROLLE DES HAHNS

Zwar kann man Hühner auch ohne Hahn halten. Doch abgesehen davon, dass er **für Nachkommen sorgt**, fungiert **der Hahn als Streitschlichter** und setzt durch, dass die unter den Hühnern etablierte Rangordnung eingehalten wird. Damit ist er ein Garant für Stabilität: Alle Hennen sind ihm untergeordnet, falls die Herde nicht zu groß ist. Der Hahn beschützt die Hennen auch vor eventuellen Feinden. Er kann sogar einen Menschen angreifen, wenn er diesen als Bedrohung für seine Hennen ansieht. Hähne krähen natürlicherweise und sind somit lauter als Hennen. Klären Sie vor der Anschaffung, ob Ihre Nachbarn sich gestört fühlen könnten.

DER PLATZ DES HAHNS IM GEHEGE

Der Hahn hat stets ein wachsames Auge auf die Hühnerschar. Auch während er auf Futtersuche ist wie die Hennen, ist er immer auf der Hut, achtet auf seltsame Geräusche oder Eindringlinge und ist bereit, einzugreifen.

Ist seine Autorität anerkannt, kann er problemlos zusammen mit den Hennen gehalten werden. **In der Regel gibt es keinen Grund, ihn von den Hennen zu trennen.**

Wenn er jedoch einer der Hennen gegenüber allzu aufdringlich wird und diese von seinen Avancen nicht gerade begeistert ist, werden die beiden besser getrennt. Verhält er sich allen Hennen gegenüber so, wäre vielleicht ein anderer Hahn besser geeignet. Fragen Sie andere Hühnerhalter oder den Tierarzt um Rat.

ABENTEUER KÜKENAUFZUCHT

Wenn Sie einige Hennen besitzen und genug Platz haben, reizt es Sie bestimmt, Ihre Hühnerschar zu vergrößern, indem Sie den Hennen die Fortpflanzung ermöglichen. Der erste Schritt des Fortpflanzungszyklus von Geflügel sind befruchtete Eier: Dazu braucht man einen Hahn.

Es heißt allgemein, dass die Jahreszeiten die Fruchtbarkeit der Hühner beeinflussen. Demnach ist diese im Herbst gering, wird zu Beginn des Winters besser und ist im Februar und März optimal, bevor sie im Mai und Juni wieder abflaut. Dies hängt mit der Sonnenscheindauer zusammen, außerdem mit dem Futter der potenziellen Erzeuger (zu fette Hähne) und mit der Außentemperatur.

DIE ELTERNTIERE

Zur Befruchtung der Eier muss ein Hahn herbei: bei schweren Rassen im Durchschnitt **ein Hahn auf zehn Hennen**, bei leichteren auf bis zu fünfzehn Hennen. Die Ergebnisse eines Hahns im Hühnerstall lassen nicht auf sich warten: Schon nach drei Tagen sind die gelegten Eier gleichmäßig befruchtet.

Das Alter von Hahn und Henne kann sich auf die Fruchtbarkeit der Eier auswirken.

Das Alter der Elterntiere (Hahn und Henne) kann sich auf die Fruchtbarkeit der Eier auswirken. In seinem ersten Jahr ist der Hahn nahezu immer fruchtbar; unter guten Haltungsbedingungen und vor allem bei guter Ernährung gibt es nur selten unfruchtbare Hähne. Bei einem älteren Hahn hingegen (ab dem dritten Jahr) lässt die Fruchtbarkeit nach. Bei der Henne geht mit zunehmendem Alter der Anteil befruchteter Eier zurück. Eier von zu jungen Hennen wiederum sind nicht so leicht zu befruchten. Bei älteren Tieren nehmen der Anteil erfolgreich geschlüpfter Küken und die Widerstandsfähigkeit der Küken ab.

DIE BEFRUCHTUNG

Die Befruchtung der Eier durch das Männchen ist ganz einfach. Nach der Paarung – dem Tretakt – mit einer Henne wandern die Spermien des Hahns rasch in den oberen Teil des Eileiters, den sogenannten Trichter. Dort werden sie in Speicherdrüsen gelagert. **Über mehrere Tage oder sogar zwei bis drei Wochen befruchten sie die Eier, welche die Henne dann nach und nach legt.**

In der Regel legt die Henne nach der Paarung befruchtete Eier. Einige Hennen legen jedoch systematisch unbefruchtete Eier (manchmal »helle Eier« genannt). Indem Sie genau beobachten, welche Eier von welcher Henne stammen, können Sie die Henne mit den unfruchtbaren Eiern ausfindig machen.

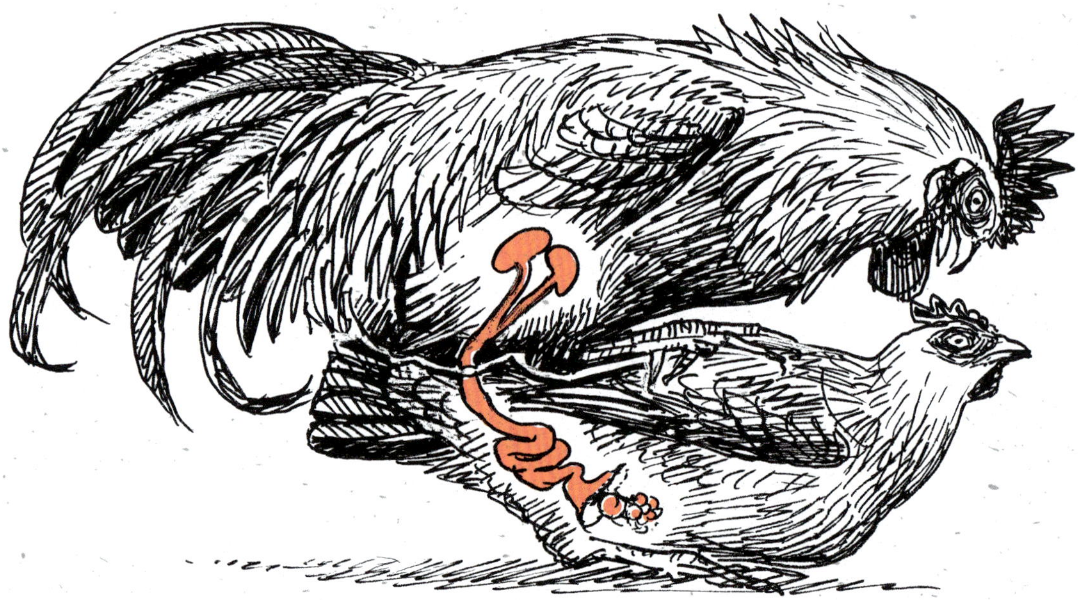

Da der Hahn keine äußeren Geschlechtsorgane hat, findet die Befruchtung durch Kontakt der Kloaken statt.

NACH DER BEFRUCHTUNG

Nach der Befruchtung müssen Sie zehn bis vierzehn Tage lang die nach und nach gelegten Eier einsammeln. Sie benötigen eine genügende Anzahl, die anschließend von der Henne ausgebrütet werden oder die Sie in eine Brutmaschine legen. **In dieser Phase des Einsammelns gilt es Einiges zu beachten.**

Zum Ausbrüten verwendet man mittelgroße Eier; kleine Eier (unter 50 g) und große Eier (über 65 g) werden aussortiert. Um sich nicht zu irren, wiegen Sie die Eier zu Beginn auf einer kleinen Waage. Schon bald können Sie das Gewicht der Eier mit bloßem Auge abschätzen, mit einer absolut akzeptablen Fehlerquote. Wählen Sie schöne ovale Eier mit sauberer, ziemlich makelloser Schale aus. Eier mit Rissen in der Schale – auch mit feinen Haarrissen, die Sie beim Schieren erkennen – scheiden aus.

So lange ein befruchtetes Ei nicht angebrütet ist, kann es bedenkenlos verzehrt werden.

DAS SCHIEREN

Durch das Schieren (Durchleuchten) der Eier kann man feststellen, ob ein Ei befruchtet ist und auch, ob es Fehler aufweist, etwa Blutspuren oder eine ungünstige Position der Luftkammer, die sich normalerweise am abgerundeten Ende des Eies befindet.

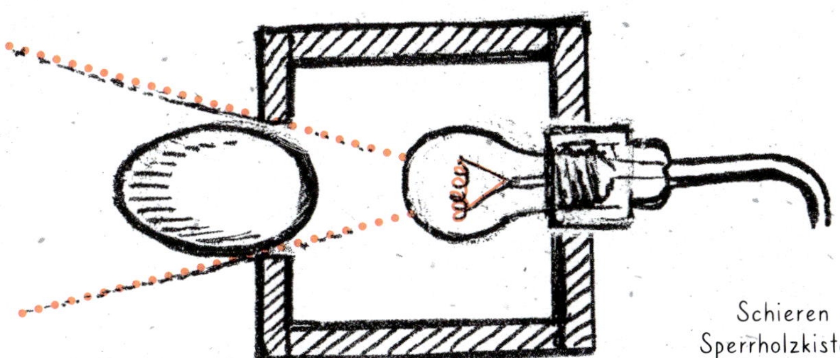

Schieren in einer Sperrholzkiste mit einer 60-Watt-Glühbirne

Beim Schieren schaut man in das Innere eines Eies, indem man es in möglichst dunkler Umgebung mit einer hinter dem Ei platzierten Lampe durchleuchtet. Im Handel ist dafür eine spezielle Lampe erhältlich, die Schierlampe. Sie können auch selbst eine Schierkiste bauen: dazu eine Lampe in eine ganz einfache Kiste stellen, die an einer Seite eine Öffnung von der Größe eines Eies hat. Halten Sie das zu untersuchende Ei vor die Öffnung.

BEFRUCHTET ODER NICHT?

Die Eier werden ein erstes Mal geschiert, bevor sie in die Brutmaschine gelegt werden, dann zwischen dem fünften und siebten Tag ab dem Legedatum und schließlich am siebzehnten Tag, um die Entwicklung des Embryos zu kontrollieren.

Wurde das Ei nicht befruchtet, bleibt das Innere transparent; der Eidotter ist etwas dunkler und klar begrenzt.

Erkennt man in einem befruchteten Ei, das sich zunächst normal entwickelt hat, **eine Art Ring aus feinen Blutgefäßen mit einem dunkleren Fleck in der Mitte,** dem Keim oder dem dunkelrosa Embryo, ist dieser Keim leider abgestorben. Beim Schieren ist er nicht klar begrenzt, eher ein diffuser, dunklerer Bereich in einem roten Blutring (Hexenring). Seine Farbe ist eher grau und matt.

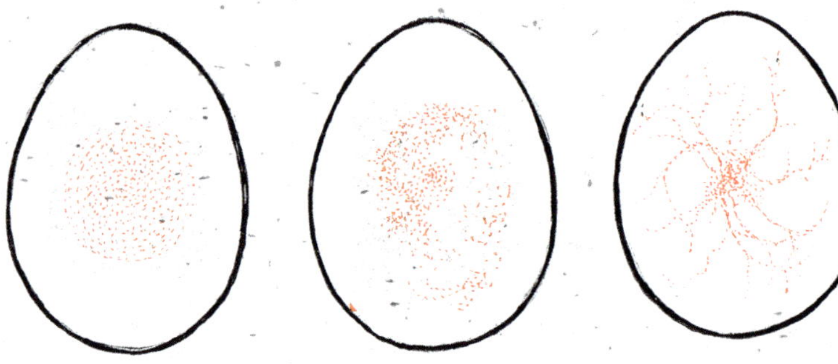

Unbefruchtetes Ei   Ei mit abgestorbenem Keim   Befruchtetes Ei

BEFRUCHTETE EIER LAGERN

Befruchtete Eier können einige Tage gelagert werden, zum Beispiel, wenn man darauf wartet, dass die Bruthenne (Glucke) zum dreiwöchigen Brüten bereit ist, oder um mehrere befruchtete Eier zu sammeln, damit sie zusammen von der Henne oder im Brutkasten ausgebrütet werden können.

- **Die Lagertemperatur muss dabei konstant zwischen 12 und 14 °C liegen.** Die Luftfeuchtigkeit darf weder zu niedrig noch zu hoch sein (siehe Tabelle auf Seite 163): Weder darf Flüssigkeit aus dem Ei verdunsten noch darauf kondensieren, was zu Schimmelbildung führen könnte.
- **Die Eier auf Eiertabletts aus Kunststoff (Eierhorden) lagern** (etwa für 30 Stück), die sich leicht reinigen und desinfizieren lassen. Diese sind im Handel erhältlich. Notfalls können Sie ein Weidentablett oder eine Holzstiege verwenden.
- Die Eier zunächst für maximal 7 Tage mit der Spitze nach unten hineinsetzen. Danach waagerecht legen und **jeden Tag um eine Viertelumdrehung drehen**, damit der Embryo nicht an der Innenwand der Schale festklebt. Die Eier behutsam behandeln und Erschütterungen vermeiden, durch welche der Keim (Embryo) unweigerlich zerstört würde.

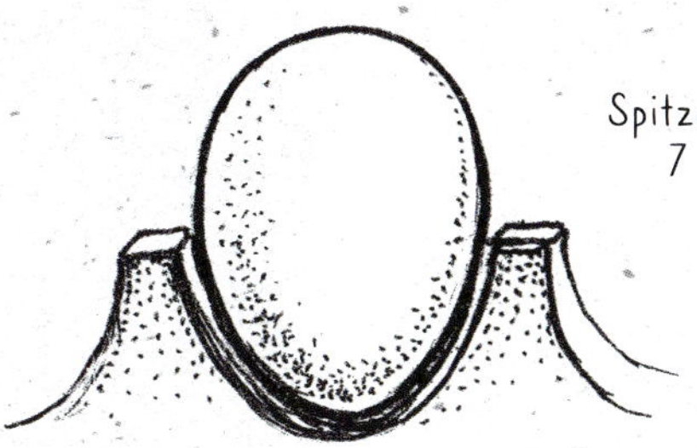

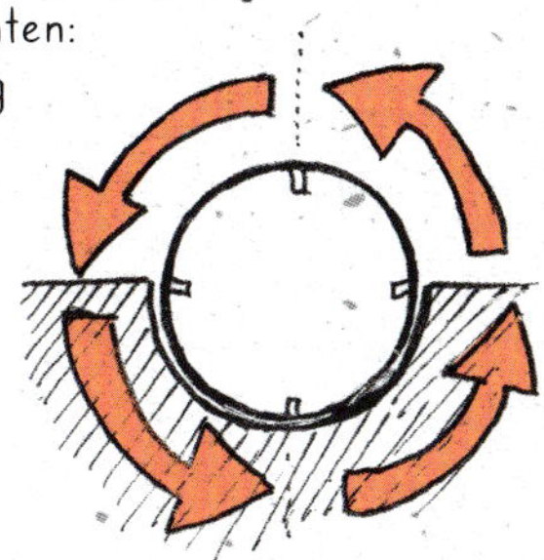

Das Bebrüten der befruchteten Eier muss binnen 10–14 Tagen nach dem Legedatum beginnen. Danach besteht die Gefahr, dass sich keine schönen Küken mehr entwickeln.

Es ist auch möglich, bei anderen Züchtern oder speziellen Aufzuchtbetrieben befruchtete Bruteier zu erwerben.

DAS BEBRÜTEN

Ob natürlich (Brüten durch die Henne) oder künstlich, durch das Bebrüten entwickelt sich das Küken im befruchteten Ei bis zum Schlüpfen. Während dieser Zeit müssen Sie sich täglich darum kümmern.

DIE HENNE IM NEST UNTERBRINGEN

Eine brutbereite Henne sondert sich von den anderen ab. Sie ist unruhig, läuft ziellos herum und geht dem Hahn aus dem Weg. Sie gibt besondere, glucksende Laute von sich. Wenn man ihr zu nahe kommt, wird sie sogar angriffslustig.

Bruthennen können in der Regel etwa zehn Eier ausbrüten, große Hühner bis zu fünfzehn. Sie lassen sich von allein im Legenest nieder; falls dieses erhöht angebracht ist, bieten Sie jedoch besser ein Nest auf dem Boden an. Dazu eine auf drei Seiten und oben geschlossene Kiste mit ganz sauberem Stroh auslegen und an einem ausreichend belüfteten, eher dunklen Platz aufstellen, damit die Glucke ihre Ruhe hat.

DIE NATURBRUT

Die Glucke erhebt sich meist von allein jeden Tag um die gleiche Uhrzeit vom Nest, um etwa eine Viertelstunde lang zu fressen und zu trinken. Sie muss stets ausreichend Wasser und reichhaltiges Futter zur Verfügung haben. **Achten Sie darauf, dass sie sich erst wieder auf die Eier setzt, nachdem sie ihr Geschäft verrichtet hat, damit die Eier nicht beschmutzt werden.**

Brütet eine Henne im Winter und erhebt sich vom Nest, **decken Sie die Eier mit einem Wolltuch ab** (ohne sie zu bewegen!), damit sie nicht auskühlen.

Das Brüten dauert 21 Tage. Je näher der Zeitpunkt des Ausschlüpfens rückt, desto eiliger hat es die Glucke, zurück zu ihrem Nest zu gelangen. Nehmen Sie sie ab dem sechzehnten oder siebzehnten Tag allenfalls noch kurz auf, denn sie möchte das Nest nun nicht mehr verlassen. Ab dem neunzehnten Tag lassen Sie sie ganz in Ruhe: Sie wird die Eier nur noch verlassen, um ihre Grundbedürfnisse zu stillen.

MUTTERINSTINKT JA ODER NEIN?

Hühner, die als möglichst produktive Legehennen gezüchtet wurden, haben ihren Brutinstinkt ein wenig verloren. Die Hennen der meisten traditionellen Rassen sind jedoch sehr gute Bruthennen. Wenn sie einen großen, grasbewachsenen Auslauf haben, steigert dies ihre Brutfähigkeit. **Der natürliche Brutinstinkt des Huhns setzt häufig mit den ersten schönen Tagen im Frühjahr ein**, also ab April oder Mai.

BETREUUNG WÄHREND DER BRUTZEIT

Achten Sie während der gesamten Brutzeit darauf, dass die Henne keine Läuse bekommt, die ihr lästig werden und unangenehmen oder sogar gefährlichen Juckreiz verursachen könnten: Die Henne würde geschwächt und könnte krank werden oder sogar sterben. Kontrollieren Sie besonders die Dunen (Daunenfedern) der Schenkel und den Analbereich. Tauchen dennoch Läuse auf, behandeln Sie das Gefieder mit einem Insektenpulver. Außerdem geben Sie der Henne vorbeugend ein Wurmmittel.

DIE KUNSTBRUT

Im Gegensatz zu jungen Säugetieren sind Geflügelküken sehr schnell selbstständig; sie sind Nestflüchter. Daher kann man gut auf die Kunstbrut zurückgreifen, bei der man die Küken auch nach dem Schlüpfen ohne ihre Mutter aufziehen kann. **Abgesehen davon, dass die Kunstbrut weniger Aufmerksamkeit erfordert, können dabei auch mehr Eier gleichzeitig ausgebrütet werden.**

Eine Brutmaschine können Sie selbst bauen: eine elektrisch beheizte Kiste mit Thermostat für eine gleichbleibende Temperatur, mit einem Luftbefeuchter sowie einer guten Belüftung. Da es jedoch wirklich entscheidend ist, dass die äußeren Bedingungen konstant bleiben, empfiehlt sich die Anschaffung einer speziellen Brutmaschine aus dem Fachhandel. Es gibt zahlreiche Modelle für verschiedene Zwecke und für jeden Geldbeutel.

VERWENDUNG EINER BRUTMASCHINE

Eine Brutmaschine erfordert nur geringen Arbeitsaufwand: Wenden der Eier, Kontrolle von Belüftung und Luftfeuchtigkeit mit einem Luftbefeuchter sowie die tägliche Temperaturkontrolle mit einem direkt auf den Eiern liegenden Thermometer. Spitzengeräte erledigen diese verschiedenen Aufgaben vollautomatisch – Sie müssen nur noch die einzelnen Messwerte kontrollieren.

- Den Brutapparat in einem nicht zu warmen Raum mit konstanter Temperatur (zwischen 12 und 15 °C) aufstellen. Ein Kellerraum eignet sich gut, wenn er nicht feucht ist.
- Die kleinen Geräte, die meist keine Standfüße haben, auf einen stabilen Tisch stellen.
- Luftfeuchtigkeit kontrollieren, Luftbefeuchter regelmäßig befüllen. Während der Brutzeit verliert das Ei etwa 20 % seiner Masse. Je geringer die Luftfeuchtigkeit, desto höher der Gewichtsverlust – das Ei trocknet aus.
- Bevor Sie die Eier hineinlegen, muss die Brutmaschine die notwendige Temperatur von 37–38,5 °C erreicht haben. Schalten Sie den Apparat rechtzeitig ein.
- Bei der Naturbrut wendet die Henne die Eier regelmäßig ganz vorsichtig mit dem Schnabel, in der Regel, bevor sie sich wieder darauf niederlässt. In einer Brutmaschine müssen die Eier mindestens zweimal täglich von Hand oder automatisch gewendet werden. Bis zum siebzehnten Bruttag werden sie um ein Viertel bis ein Drittel gedreht; dazu mit einem Filzstift Markierungen auf der Schale anbringen. Danach bis zum Schlüpfen nicht mehr anrühren.

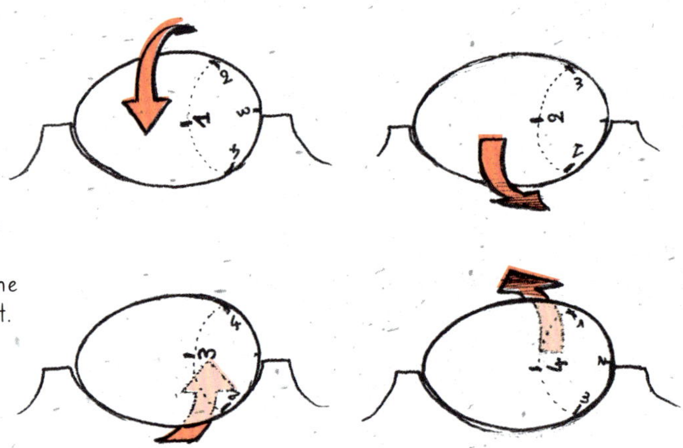

Bis zum siebzehnten Tag werden die Eier zweimal täglich um eine Vierteldrehung gedreht.

Messwerte für eine gelungene Kunstbrut

Aufbewahrung der befruchteten Eier	10–14 °C	Möglichst unter 8 Tagen Höchstens 15 Tage
Umgebungstemperatur der Brutmaschine	12–15 °C	1.–21. Tag
Temperatur in der Brutmaschine	37–38,5 °C	1.–21. Tag
Luftfeuchtigkeit in der Brutmaschine	60–75 % 80–90 %	1.–18. Tag 19.–21. Tag
Schieren der Eier	3-mal	1. Tag Zwischen dem 5. und 7. Tag 17. Tag
Wenden der Eier	2-mal täglich Morgens und abends	1.–17. Tag

DAS SCHLÜPFEN

Um die Schale zu knacken, versetzt das Küken ihr mit Schnabel und Krallen sehr präzise und relativ kräftige Hiebe. **Der Vorsprung auf dem Oberschnabel, der sich während der letzten Bruttage verhärtet, heißt »Eizahn«.** Er verschwindet einige Tage nach dem Schlüpfen.

Um den siebzehnten Bruttag durchbohrt das nahezu vollständig entwickelte Küken die Membran zur Luftkammer innerhalb der Eierschale, um von nun an mit seinen Lungen zu atmen. Am neunzehnten Tag versucht es, durch leises Piepsen durch die Schale hindurch mit seiner Mutter Kontakt aufzunehmen. **Das eigentliche Schlüpfen der Küken beginnt am zwanzigsten Tag und ist gegen Ende des einundzwanzigsten Tages beendet.**

Greifen Sie dabei nicht ein: Beim Berühren der Schale könnten Sie ein Blutgefäß beschädigen, sodass das Küken stirbt. Die Küken schlüpfen von allein. Diejenigen, die es nicht schaffen, sich selbstständig aus der Schale zu befreien, sind später leider meist kaum lebensfähig.

Aus den Eiern, die nach dem einundzwanzigsten Tag noch intakt sind, schlüpft wahrscheinlich kein Küken mehr. Sie können sie am nächsten Tag entsorgen. Dies ist ganz normal: Selbst die erfahrensten Züchter bringen es nur auf eine Erfolgsquote von höchstens 80 %.

NACH DEM SCHLÜPFEN

Bei der Naturbrut setzen Sie die frisch geschlüpften Küken kurz in eine saubere, mit Stoff oder Seidenpapier ausgelegte Kiste, um das Brutnest zu säubern. Anschließend setzen Sie Glucke und Küken wieder ins Nest.

Bei der Kunstbrut nehmen Sie die Küken heraus, sobald sie nach ein paar Stunden zu flaumigen gelben Federbällchen getrocknet sind. Setzen Sie sie sofort unter eine Infrarotlampe, damit sie nicht auskühlen.

Die Phasen des Schlüpfens

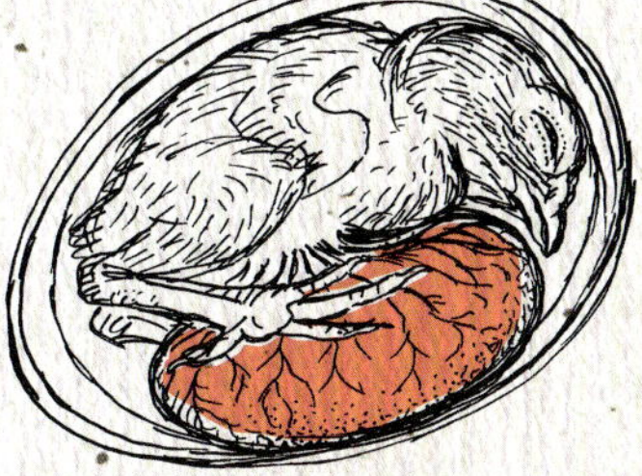

17. Tag: Das Küken durchbohrt die Membran der Luftkammer innerhalb der Eierschale.

20. Tag

21. Tag: Schlüpfen

Nach einigen Stunden ist das Küken getrocknet und ein kleiner Flauschball.

DIE KÜKEN

Die Aufzucht von Küken ist der heikelste Teil der Hühnerhaltung. Wie Sie dabei vorgehen, ist entscheidend für die spätere Widerstandsfähigkeit und Vitalität der ausgewachsenen Hühner.

AUFZUCHT DURCH DIE GLUCKE …

Kaum geschlüpft, suchen die Küken Schutz unter der Glucke. An den ersten Tagen oder bis zu eine Woche lang verlassen sie diese nicht: Hier finden sie genau die Wärme und Luftfeuchtigkeit, die sie zum Aufwachsen brauchen. Tun Sie nichts weiter, als zerbrochene Eierschalen und eventuell nicht erfolgreich ausgebrütete Eier aus dem Nest zu entfernen, wenn die Glucke sich einmal erhebt.

Die Küken müssen von den übrigen erwachsenen Hühnern getrennt gehalten werden, da diese sie verletzen oder Parasiten und Krankheiten auf sie übertragen könnten. Richten Sie vor allem für die ersten Tage einen gut abgegrenzten Bereich im Stall ein, etwa mit einer niedrigen Umzäunung oder einem speziellen Kükenstall, in dem sich Glucke und Küken getrennt von den anderen aufhalten.

Mindestens zwei Tage lang benötigen die Küken kein Futter. Sobald Sie die Küken jedoch in den Kükenstall umsetzen, stellen Sie ihnen frisches Wasser und Futter zur Verfügung – sie werden es bald von allein finden.

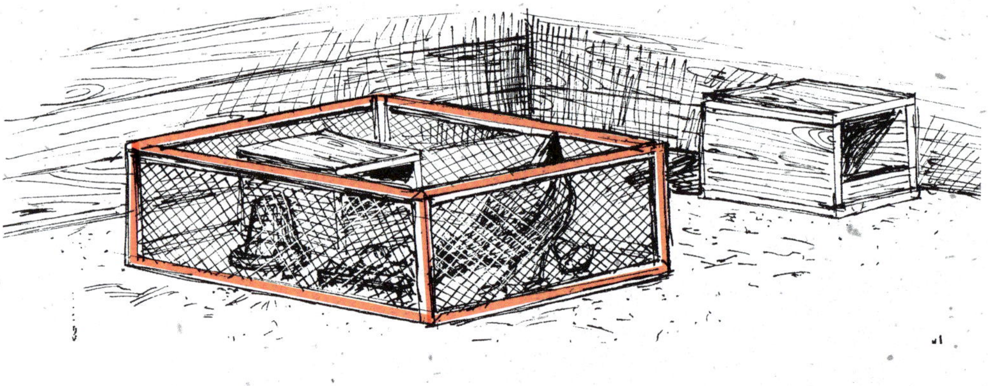

Eine gute Glucke kann auch andere Küken als die eigenen adoptieren, vorausgesetzt, sie sind gleichaltrig. Am besten setzen Sie ihr diese Küken abends im Halbdunkel ganz vorsichtig ins Nest.

… ODER IN EINEM KÜKENHEIM

Sind die Küken in einer Brutmaschine geschlüpft, muss man die lebensnotwendige Wärme der fehlenden Glucke kompensieren. Für eine konstante Temperatur benötigt man also eine Heizquelle. Eine beheizte Fläche von einem Quadratmeter genügt zur Aufzucht von etwa sechzig Hühner- oder dreißig Gänseküken.

Dabei gibt es verschiedene Möglichkeiten: ein Kükenheim mit einem Heizstrahler (gasbetrieben oder elektrisch) oder mit Zentralheizung (meist nur für große Betriebe). Wichtig ist, dass das Material zuverlässig, gut zu reinigen und leicht zu zerlegen ist. Manche Kükenheime haben Wände mit Lüftungsschlitzen, welche die Wärme speichern und vor Zugluft schützen.

INFRAROTLAMPEN

Die Verwendung einer Infrarotlampe ist praktisch und preisgünstig. Ihr Nachteil als Heizquelle ist, dass sie nicht reguliert werden kann. Um die optimale Temperatur zu erreichen, muss der Hühnerhalter sie höher oder niedriger hängen, meist in etwa 20 bis 30 cm Höhe. Für den Fall, dass die Lampe ausfällt, wird eine Ersatzlampe benötigt.

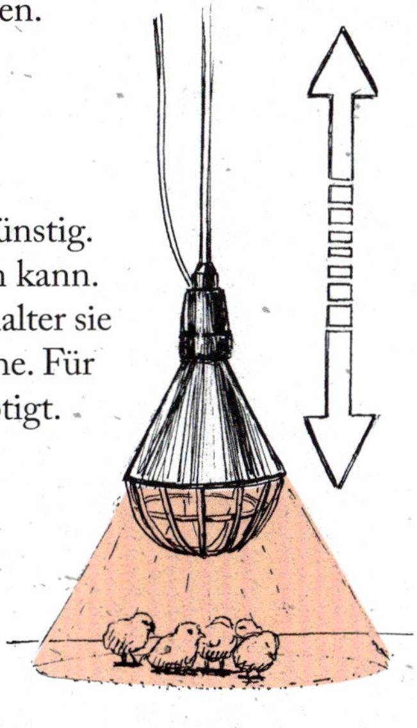

HEIZSTRAHLER UND WÄRMELAMPEN

Heizstrahler werden elektrisch oder – sehr selten – mit Propangas betrieben, und die Wärme wird durch Luftbewegung übertragen.

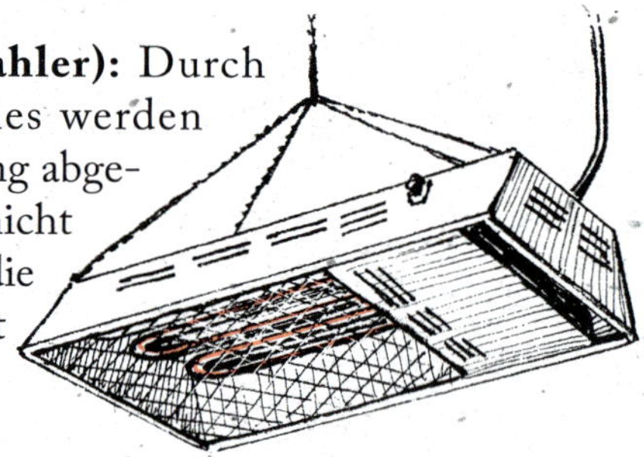

- **Durch Strahlungswärme (Gasheizstrahler):** Durch Verbrennung eines Luft-Gas-Gemisches werden Keramikplatten erhitzt, die Infrarotstrahlung abgeben. Der Bereich unter dem Strahler wird nicht gleichmäßig erwärmt: Zum Rand hin sinkt die Temperatur kontinuierlich ab. Dies ermöglicht den Küken, sich in dem Temperaturbereich aufzuhalten, der ihnen am angenehmsten ist.

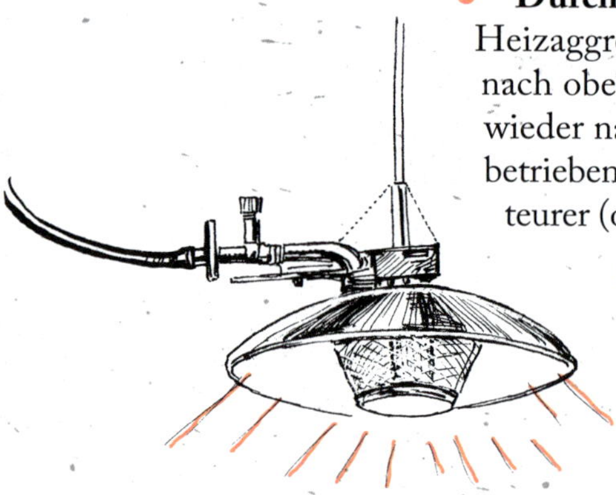

- **Durch Konvektion:** Durch ein Heizaggregat wird die umgebende Luft erwärmt, steigt nach oben und wird dank des Schirms über dem Gerät wieder nach unten gelenkt. Für Gebäude, in denen gasbetriebene Geräte eingesetzt werden, ist die Versicherung teurer (offene Flamme und brennbare Materialien).

Es gibt auch elektrische Heizstrahler oder Wärmeplatten mit einer schwächeren Heizleistung (etwa 1 kW), die nur die Küken wärmen, aber nicht die Umgebungsluft aufheizen. Sie sind recht teuer, benötigen jedoch keine besondere Wartung und sind weniger gefährlich (keine offene Flamme).

SICHERHEITSVORSCHRIFTEN

Bei gasbetriebenen Geräten müssen unbedingt die vom Hersteller angegebenen Sicherheitsvorschriften hinsichtlich des Standortes und des Gasflusses beachtet werden. Gasheizstrahler werden in der Regel schräg angebracht, um eine größere Fläche zu erwärmen und damit das Gas nach oben entweichen kann. Je nach Heizleistung werden die Geräte 80 bis 150 cm über dem Boden montiert.

Gasbetriebene Wärmelampen werden in der ersten Woche 20 cm, danach 40 cm über dem Boden aufgehängt. Die Regulierung des Gasflusses erfolgt über ein spezielles Ventil separat für jede Wärmelampe.

DIE RICHTIGE TEMPERATUR

Um zu wissen, ob die Temperatur für die Küken richtig eingestellt ist, genügt es, zu beobachten, wie sie sich unter der Wärmelampe verhalten. Verteilen sie sich dort gleichmäßig und piepsen munter, ist alles in Ordnung. Drängen sie sich zusammen, womöglich ganz in der Mitte unter der Lampe, stimmt die Einstellung nicht, und die Küken frieren. Halten sich die Küken am Rand auf, ist ihnen zu warm - die Lampe hängt zu tief.

Legen Sie das Kükenheim oder den für die Küken reservierten Bereich mit fein gehäckseltem Stroh aus. Unbehandelte Sägespäne eignen sich ebenfalls.

Richtige Temperatureinstellung:
Die Küken verteilen sich.

Falsche Temperatureinstellung:
Die Küken drängen sich zusammen.

Hahn oder Huhn?

Das Geschlecht der Küken anhand äußerer Merkmale zu bestimmen, ist in der Regel unmöglich.

Lediglich bei einigen Kreuzungen (sogenannten Kennkreuzungen) oder für die industrielle Geflügelzucht ausgewählten Zuchtstämmen unterscheiden sich die weiblichen Küken in der Farbe von den männlichen.

Die Geschlechtsbestimmung der Küken, das sogenannte »Sexen«, geschieht an den ersten Lebenstagen durch eine Untersuchung des Inneren der Kloake: Dazu wird diese kurz nach außen gekehrt, sodass man erkennt, ob die Öffnungen der Samenkanäle vorhanden sind – daraus kann man auf das Geschlecht des Kükens schließen.

Für dieses Kloakensexen braucht man gute Augen und viel Geschick. Es ist für die Küken weder unangenehm noch schmerzhaft.

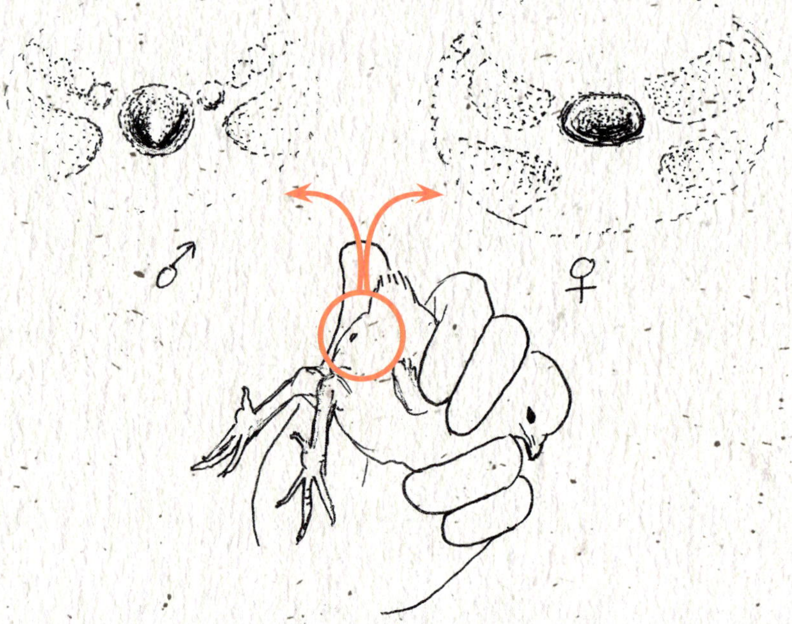

DAS RICHTIGE KÜKENFUTTER

An den ersten Lebenstagen ernährt sich das Küken von dem Rest des Dottersacks, den es durch die noch nicht verschlossene Nabelöffnung in die Bauchhöhle eingezogen hat. Daher kann man ganz junge Küken auch völlig gefahrlos in Spezialboxen in die ganze Welt verschicken, sogar mit dem Flugzeug.

Statt das Kükenfutter selbst herzustellen, kaufen Sie besser fertige Spezialmischungen aus verschiedenen geeigneten Getreidesorten und Vitaminen. **Schon bald können Sie ergänzend etwas Grünfutter reichen**, jedoch ganz fein gehackt und in kleinen Mengen. Wenn die Küken von ihrer Mutter aufgezogen werden, zeigt sie ihnen mit ihrem Schnabel ganz genau, wie das Picken funktioniert und welches Futter sie fressen dürfen.

Die Futtertröge und Tränken müssen eine für die Küken geeignete Größe haben. Reinigen Sie diese regelmäßig, um zu vermeiden, dass verdorbene Futterreste bei den Küken zu unnötigem Durchfall führen.

Für das Futter eignen sich bunte tellerartige Futterschalen – kräftige Farben ziehen die Küken an. Ein oder zwei Näpfe genügen, es sei denn, Sie ziehen ein paar Hundert Küken auf. Die im Fachhandel erhältlichen Näpfe sind jeweils für über 50 Küken vorgesehen. Reichen Sie an den ersten Tagen zusätzlich Futter auf einem Stück Pappe oder einer anderen Unterlage, um möglichst viele Futterstellen anzubieten, denn die Küken müssen Futter finden, ohne groß herumzulaufen.

Kleine Stülptränken (2 bis 5 Liter) sind ideal für 50 bis 60 Küken.

DER ERSTE AUSFLUG

Ab dem Alter von 8 Tagen dürfen die Küken nach draußen, sofern die Temperatur über 18 °C liegt. Vorsicht jedoch bei Regen, er schadet den Küken. Ab einem Alter von 10 bis 15 Tagen sind die Küken robust genug, um im Auslauf herumzuspazieren, zu dem sie von nun an unbegrenzten Zugang erhalten. Um sie vor Fressfeinden zu schützen, setzen Sie sie jedoch in ein spezielles Freilaufgehege (Kükenauslauf) – hier gibt es verschiedene Modelle: mit Holzrahmen, mit Rollen, einfache Drahtgehege…

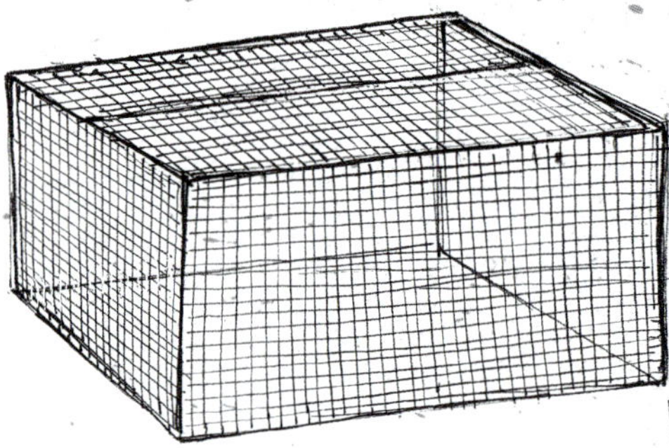

Drahtgehege

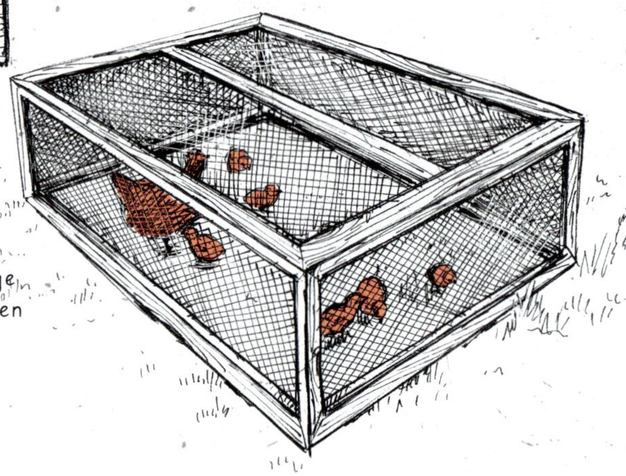

Freilaufgehege mit Holzrahmen

KÜKEN IN GEFAHR

Junge Küken sind empfindlich und noch nicht widerstandsfähig gegenüber Umwelteinflüssen. Um Krankheiten und Parasitenbefall zu vermeiden, müssen die Küken und ihre Einstreu absolut sauber sein. Schützen Sie die Küken vor den anderen Hühnern, die sie angreifen, verletzen oder sogar töten könnten. Warten Sie, bis die Küken 2 bis 3 Monate alt sind, bevor Sie sie an die anderen gewöhnen. Sorgen Sie dafür, dass die Küken den für sie vorgesehenen Auslauf nicht verlassen.

Selbst gebauter Kükenauslauf

Bauen Sie zum Schutz der Küken einen einfachen Auslauf.

Material

ein Seitenschneider • ein Paar Handschuhe • engmaschiger Hühnerdraht (50 cm hoch und 5 m lang) • 2 m Draht oder Hanfseil • ein Holzpfosten (150 cm hoch) • ein Vogelschutznetz (5 x 5 m)

1

Mit dem Hühnerdraht einen Kreis bilden und die Enden mithilfe des Drahts oder Seils verbinden.

2

Die Unterkante des Kreises leicht nach innen umbiegen, damit Küken oder Fressfeinde nicht darunter durchschlüpfen können. Die umgebogene Partie mit Steinen oder Holzscheiten beschweren, um sie am Boden zu fixieren.

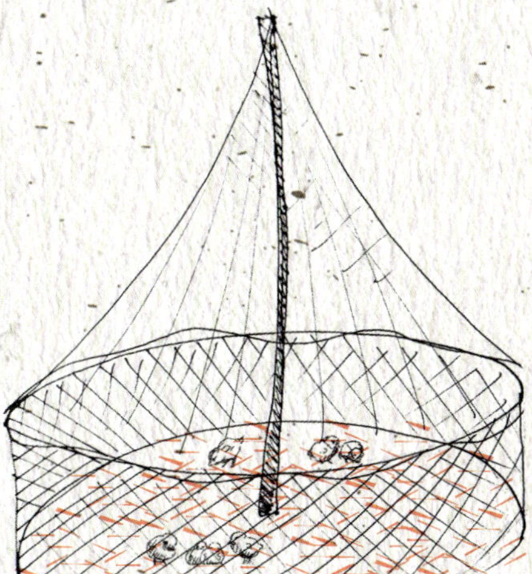

3

Den Pfosten in der Mitte des Kreises fest einschlagen und das Ganze mit dem Vogelschutznetz abdecken. Fertig ist Ihr Kükenauslauf!

HÜHNER UND ANDERES GEFLÜGEL

ABWECHSLUNG BEI DEN EIERN

Nicht nur Hühner legen Eier … Bringen Sie Abwechslung in Ihren Hühnerhof und setzen Sie ein paar Enten, Gänse und Wachteln hinein. Sie alle legen Eier – freilich nicht so viele wie die Hühner, doch mit unterschiedlichem Geschmack und ähnlichem Nährwert. Alle zählen zum Hausgeflügel, doch an Enten, Gänse oder Wachteln denkt man bei der privaten Haltung oft nicht.

Informieren Sie sich vor der Anschaffung neuer Vögel über deren Lebensweise, Unterbringung, Futter… Sie müssen vorab sicherstellen, dass Sie die Tiere auch artgerecht halten können. Dies ist in der Regel nur auf dem Land möglich, da die anderen Vögel oft lauter sind als Hühner und mehr Platz brauchen.

- **Wachteleier** wiegen nur wenige Gramm. Sie werden ebenso wie Hühnereier verzehrt.
- **Enteneier** sind größer als Hühnereier: Sie wiegen zwischen 70 und 90 g. Sie werden meist hart gekocht verzehrt (Kochzeit mindestens 15 Minuten).
- **Gänseeier** sind noch größer: Sie wiegen zwischen 120 und 300 g. Gänse legen relativ wenige Eier, dafür jedoch über einen längeren Zeitraum.

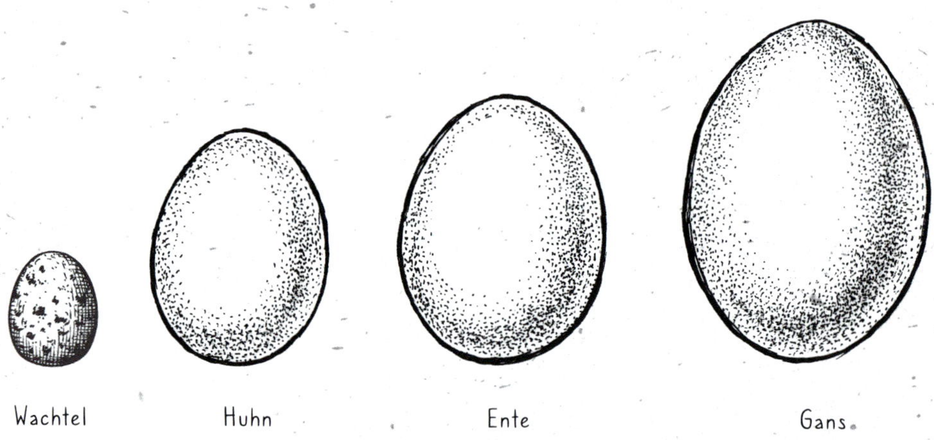

Wachteleier

Die Haltung von Wachteln unterscheidet sich etwas von der Hühnerhaltung. Informieren Sie sich gründlich, damit Ihre Tiere gesund bleiben. Ein großer Unterschied ist, dass Wachteln in einer Voliere gehalten werden.

Wachteleier können Sie ebenso verzehren wie Hühnereier – Sie benötigen für die gleiche Menge nur fünfmal so viele Tiere.

Die Haltung von Wachteln ist recht einfach. Sie sind pflegeleicht und benötigen im Garten auch nicht viel Platz.

Die in Europa am meisten gehaltene Wachtel ist die Japanwachtel *(Coturnix japonica)*. Die domestizierte Japanwachtel ist nicht zu verwechseln mit der wild lebenden Feldwachtel.

Enteneier

Die meisten Enten stellen keine besonderen Ansprüche an ihre Haltung. Dennoch sollten Sie sich vor der Anschaffung gut darüber informieren. Enten benötigen ein Wasserbecken oder einen Teich und etwas mehr Platz, etwa 50 m² pro Tier.

Enteneier werden oft vernachlässigt, da sie als unhygienisch gelten und angeblich Krankheiten übertragen. Bei guter Haltung sind Enteneier jedoch ebenso sauber und gesund wie Hühnereier. Die Eierschale ist dünner als die von Hühnereiern, jedoch dichter und weniger porös, sodass der Inhalt gut geschützt ist.

Die Farbe der Schale ist meist perlweiß, und die innere Schalenhaut ist dicker. Der Geschmack ist intensiver als der von Hühnereiern, und Enteneier müssen länger gekocht werden, um sämtliche eventuellen Bakterien abzutöten. Rechnen Sie mit einer Kochzeit von 15 Minuten. Bedenken Sie auch, dass sich das Eiklar nicht gut zu Eischnee schlagen lässt.

Gänseeier

Die meisten Gänse sind robust und pflegeleicht. Dennoch sollten Sie sich vor der Anschaffung gut über die Haltung informieren. Im Unterschied zur Hühnerhaltung ist ein Wasserbecken oder ein Teich zu empfehlen, und Gänse benötigen sehr viel Platz, etwa 100 m² pro Gans.

Es gibt über zwanzig Rassen von Hausgänsen. Sie leben gern paarweise (Gans und Ganter) und auch mit anderem Geflügel zusammen. Gänse können bis zu zehn Jahre alt werden. Sie können auch als »Wachhunde« dienen, so laut schnattern sie. Oder anders ausgedrückt: Gänse machen Lärm.

Die Gans beginnt in der Regel im Frühling ihres ersten Lebensjahres, Eier zu legen. Ab dem zweiten Lebensjahr steigt die Eierzahl, der Höhepunkt ist mit dem 5. Lebensjahr erreicht. Die Legezeit kann jedoch bis zum 10. Lebensjahr dauern.

Von März bis Juni legt die Gans etwa alle zwei Tage ein Ei.

ANHANG

GLOSSAR

A

Armschwingen: Sekundäre Schwungfedern; die großen, stabilen Federn, die am Unterarm des Vogelflügels befestigt sind und die Handschwingen bedecken.

Auslauf: bewachsene Freilauffläche außerhalb des Hühnerstalls, mit oder ohne Umzäunung, mit Platz zum Herumlaufen, Scharren und Picken.

Aviäre Influenza: Vogelgrippe oder Geflügelpest. Hochansteckend; die durch die Medien bekannteste Form ist das Virus H5N1.

B

Bebrütung: Zeit, in der sich im Ei ein Embryo zum lebensfähigen Organismus entwickelt. Dauer der Bebrütung beim Hühnerei: 21 Tage.

Brust: besteht aus dem Brustkorb und der am Brustbeinkamm ansetzenden Brustmuskulatur. Die Größe unterscheidet sich je nach Rasse.

Brutmaschine: Gerät zum Ausbrüten von Eiern, die nicht von der Glucke ausgebrütet werden.

Bürzel: die Schwanzwurzel; die hintere, obere Rückenpartie der Vögel, die aus den letzten Schwanzwirbeln besteht und an der die Schwanzfedern sitzen.

Bürzeldrüse: an der Oberseite des Bürzels der Vögel sitzende Drüse. Diese sondert ein öliges Sekret ab, mit dem Hühner ihr Gefieder pflegen und glätten und Enten ihr Gefieder wasserdicht machen.

D

Decken: die Deckfedern des Flügels. Große Armdecken: große, stabile Federn, die sich an die Kleinen und Mittleren Armdecken des Flügels anschließen und die Armschwingen bedecken; daneben gibt es noch die Handdecken.

Deckfedern: Die Deckfedern liegen über den Unterfedern (Flaumfedern/ Dunen) und schützen diese vor Kälte und Nässe.

Dunen: Auch Daunen oder Flaumfedern genannt; kleine weiche und leichte Federn, die bei den Küken als Erstes wachsen. Bei ausgewachsenen Vögeln findet man sie am Bauch und unter den Flügeln. Sie werden zur Herstellung von Daunendecken und -kissen verwendet.

E

Eizahn: spitzer Hornfortsatz am Schnabel des Kükens, der sich an den letzten Tagen der Bebrütung bildet und nach dem Schlüpfen wieder verschwindet.

F

Federpicken: eine Verhaltensauffälligkeit, bei der ein Huhn das andere hackt und ihm die Federn ausreißt.

G

Geflügelzucht: Aufzucht von Hausgeflügel (wie Huhn, Pute, Perlhuhn).

Grit: Mischung aus zerkleinerten Steinchen und Muschelschalen; Zusatzfutter zur Unterstützung der Verdauung.

H

Haarfedern: auch Fadenfedern genannt. Haarfeine Federn zwischen den Konturfedern; dienen dazu, dem Vogel Auskunft über den Zustand seines Gefieders zu geben.

Halbdunen: Federn ohne Haftsystem (Verzahnung) der Strahlen.

Halsbehang: die langen, meist schmalen und spitz zulaufenden Federn am Hals des Hahns.

Hand: äußeres Ende des Flügels, an dem die Handschwingen *(Remiges primarii)* sitzen.

Handschwingen: Primäre Schwungfedern; die großen, stabilen äußeren Federn des Flügels, die an der Hand (am Mittelhandknochen) sitzen. Bei geschlossenen Flügeln werden sie von den Armschwingen verdeckt.

Haube oder Schopf: mehr oder weniger üppiger Federbusch auf dem Kopf mancher Vögel. Die Enden dieser Federn sind beim Hahn spitz, bei der Henne abgerundet.

hornfarben: die Farbe von Schnabel und Krallen. Der Farbton ist je nach Rasse mehr oder weniger dunkel.

J

Junggeflügel: noch nicht ausgewachsenes Geflügel, das jedoch keine Wärmelampe mehr benötigt.

K

Kamm: fleischiger Auswuchs, der vom Ansatz des Oberschnabels bis oben auf den Kopf von Hühnern reicht. Größe und Form sind je nach Rasse sehr unterschiedlich. Der Einfachkamm (Einzelkamm) mit gezackter Oberkante und einem mehr oder weniger abgerundeten Hautlappen, steht vom Hinterkopf ab. Beim Hahn steht der Kamm aufrecht, bei der Henne ist er manchmal liegend. Der Kamm kann doppelt oder auch flach und geperlt sein (Rosenkamm). Letzterer ist oval und endet meist in einer Spitze. Der Kamm kann auch flach und warzig oder dreifach/dreireihig sein. Es gibt u.a. den Wulstkamm, den Kronenkamm und den Blätterkamm.

Kehllappen: Hautlappen unter dem unteren Schnabel. Größe und Form sind je nach Rasse unterschiedlich.

Kokzidiose: bei Hühnern und Kaninchen verbreitete Darmkrankheit, verursacht durch Parasiten (Kokzidien), die sich in der Einstreu entwickeln.

Konturfedern: das äußerlich sichtbare Kleingefieder (Deckgefieder) und Großgefieder (Schwungfedern, Steuerfedern); Federn mit ineinander verhakten Strahlen. Siehe auch Deckfedern, Schwungfedern und Steuerfedern.

Krätze: durch eine Milbe übertragene Krankheit von Geflügel und Kaninchen; führt zu Deformationen der Schuppenschicht an den Läufen (»Kalkbeine«) oder zu Krusten in den Ohren.

Kropf: Aussackung der Speiseröhre am Hals des Huhns, in der die Nahrung vor der Beförderung zum Drüsenmagen gelagert und eingeweicht wird. Auf den Drüsenmagen, in den die Nahrung aus dem Kropf zuerst gelangt, folgt der Muskelmagen.

Kükenauslauf: Drahtgehege ohne Boden für den gefahrlosen Freilauf der Küken im Auslauf.

Kükenstall: eigenes Gebäude oder eigener Bereich, in dem die Glucke und ihre Küken getrennt von den anderen gehalten werden.

Kükenzucht: Betrieb, der auf die Produktion von Küken spezialisiert ist.

L

Lauf (Ständer): Teil der Hintergliedmaßen des Geflügels, zwischen dem Bein (Schenkel) und dem Fuß. Der Lauf ist knochig und von Schuppen bedeckt, deren Farbe je nach Rasse variiert. Die Läufe können unbefiedert oder befiedert sein.

Luftsäcke: Luftspeicher, die für die Atmung entscheidend sind; zudem dienen sie als Stütze der Flügel und ermöglichen den Vögeln das Fliegen.

M

Mauser: das regelmäßig wiederkehrende Abwerfen und Neuwachstum des Gefieders (ganz oder teilweise).

Milben: Parasitäre Spinnentiere, die sich meist bei unzureichenden hygienischen Bedingungen entwickeln und bei Hühnern oder Kaninchen die Krätze verursachen können.

Muskelmagen oder Kaumagen: Teil des Geflügelmagens, in dem die aufgenommene Nahrung zerkleinert wird.

N

Nestflüchter: Tier, das nach der Geburt rasch das Nest verlässt und selbstständig wird.

Nickhaut: Membran im Augenwinkel, das »dritte Augendlid« des Huhns, das sich seitlich über das Auge bewegt.

O

Oberhäutchen (Kutikula): Membran, welche die Eierschale umgibt und das Eindringen von Keimen verhindert.

Ohrscheiben: Hautlappen unterhalb des Gehörgangs. Form und Farbe sind je nach Rasse verschieden.

R

Rasse: eine Gruppe von Individuen mit gemeinsamen vererblichen Merkmalen. Diese Merkmale werden an die Nachkommen weitergegeben.

S

Sattelbehang: lange spitze Federn (ähnlich dem Halsbehang) am Unterrücken des Hahnes. Die Sattelfedern fallen über die Schenkel und bedecken oft auch die Enden der Flügel.

Schenkel: Teil der Hintergliedmaßen; entspricht dem Oberschenkel (Femur) der Säugetiere.

Schnabel: verhornter vorspringender Fortsatz vorn am Kopf von Vögeln. Er ersetzt Maul und Zähne von Säugetieren. Er besteht aus zwei Teilen, dem Oberschnabel und dem Unterschnabel. Form und Farbe variieren je nach Rasse. Bei Fehlstellungen kann es sein, dass Ober- und Unterschnabel nicht richtig aufeinanderliegen, sondern über Kreuz wachsen. Dies nennt man Kreuzschnabel. Am Oberschnabel befinden sich die Schnabelspitze und die Nasenlöcher.

Schwanz: bei Geflügel das gesamte Gefieder am Bürzel (Sicheln und Steuerfedern). Dient zur Steuerung des Fluges. Das Aussehen ist je nach Rasse verschieden.

Sicheln: dekorative gebogene Deckfedern am Schwanz des Hahnes. Ihre Größe kann je nach Rasse sehr unterschiedlich sein.

Sporn: gekrümmtes Horngebilde an der Rückseite der Läufe des Hahns; dient als Waffe für Angriff und Verteidigung.

Steuerfedern: große, starre Schwanzfedern. Die Basis der Steuerfedern wird durch Deckfedern (Ober- und Unterschwanzdecken) bedeckt.

T

Trichter: oberer Teil des Eileiters des Huhns, in dem die Spermien des Hahns bis zur Befruchtung der Eier gelagert werden.

U

Unterschenkel: die untere Partie des Schenkels von Geflügel; entspricht bei Säugetieren dem Schien- und Wadenbein.

V

Vibrissen: An der Schnabelbasis hat das Huhn kleine, an starre Haare erinnernde Federn, die eine Tastfunktion haben.

W

Wamme: eine bei manchen Geflügelarten, Schwimmvögeln oder Kaninchen von der Kehle bis zur Brust oder dem Bauch herabhängende Hautfalte.

Wärmelampe oder Wärmeplatte: externe Wärmequelle, unter der nach dem Schlüpfen die Küken, die ohne Glucke aufwachsen, untergebracht werden.

Z

Zehe: untere Partie der Hintergliedmaßen, die in der Kralle endet. Hühner haben in der Regel vier Zehen, drei nach vorn und eine nach hinten gerichtete. Letztere wird die erste Zehe oder Hinterzehe genannt. Die drei anderen, also die vorderen Zehen, sind die innere, mittlere und äußere Zehe. Manche Rassen besitzen oberhalb der ersten Zehe eine fünfte Zehe, die nicht auf dem Boden aufliegt.

NÜTZLICHE ADRESSEN

AUSSTATTUNG UND PRODUKTE FÜR HOBBY-HÜHNERHALTER

Klose & Debus GbR
Oelerotherstraße 6
53809 Ruppichteroth
Meik, Daniel/Klose, Debus
service@eierschachteln.de
www.eierschachteln.de

BayWa AG
Arabellastraße 4, 81925 München
Marcus Pöllinger
service@baywa.de
www.baywa.de

Michael Volk e.K.
Senefelderstraße 27, 74182 Obersulm
Michael Volk
info@huehner-shop.com
www.huehner-shop.com

Görges Naturpharma GmbH
Dülkener Straße 179
41366 Schwalmtal
Stefan Görges/Benjamin Görges
service@huehnerland.de
huehnerland.de

landleben.bio
Rahmstorfer Str. 5
21647 Moisburg
Augustin Harm
info@landleben.bio
www.landleben.bio

farmermobil GmbH
Zum Hagenbach 5
48366 Laer
Stefan Boden, Dr. Andreas Sattler
info@farmermobil.de
farmermobil.com

Bernd Bösing GmbH & Co. KG
Crosewick 24
48691 Vreden
Bernd Bösing
info@boesing-agrar.de
boesing-boellis.de/
strohpellets-gefluegel

ZÜCHTER

Geflügelhof Gentz GbR
Genthinerstraße 2a, 39307 Parchen
Heike und Hartmut Gentz
gefluegelhofgentz@t-online.de
www.gefluegelhofgentz.de

Geflügelzucht Josef Schulte
Grubebachstraße 71
33129 Delbrück-Westenholz
Anni Schulte
info@gefluegelzucht-schulte.de
www.gefluegelzucht-schulte.de

Geflügelhof Oswald
Neekenerstraße 26,
06846 Dessau-Groß Kühnau
Uwe Oswald
Oswald-gefluegelhof@datel-dessau.de
gefluegelhof-oswald.de

Rassegeflügelzucht Heyer
Buschstraße 41
47877 Willich-Anrath
Matthias Heyer
m.h.heyer@t-online.de
www.rassegefluegelzucht-heyer.de

Melcherhof
Ibentalstraße 27
79256 Buchenbach
Balthasar Herr
Melcherhof@posteo.de
www.melcherhof.net

Geflügelhof-Tönsmeyer
Hauptstraße 151
33397 Rietberg-Varensell
Angela Tönsmeyer
info@gefluegelhof-toensmeyer.de
www.gefluegelhof-toensmeyer.de

Geflügelhof Saballus
Bunzelweg 9
15566 Schöneiche bei Berlin
Petra Saballus
info@gefluegelhof-saballus.de
www.gefluegelhof-saballus.de

Geflügelzucht Muschler
Dambach 12
91725 Ehingen
Margit Kutzner
info@gefluegelzucht-muschler.de
https://gefluegelzucht-muschler.de/

Geflügelhof Reinhard
Im Älmel 42
69436 Schönbrunn
Renate Reinhard
renate.b.reinhard@gmail.com
www.gefluegelhof-reinhard.de

Ökologische Tierzucht gGmbH
Auf dem Kreuz 58
86152 Augsburg
Inga Günther
info@oekotierzucht.de
www.oekotierzucht.de

Geflügelhof Reinkemeier

Sindersfelder Straße 27, 35274 Kirchhain
Iris Reinkemeier-Kraus
gefluegelhof-reinkemeier-und-kraus.business.site

Geflügelvermehrung Oberschwaben

Claus-Graf-Stauffenbergstr. 16
88471 Laupheim
Raphael Lochbühler
info@lochbuehler-legehuhn.de
www.gefluegelvermehrung-oberschwaben.de

Geflügelvermehrung Friedrichsruh

von-Liebig-Straße 12
48346 Ostbevern
Hans Rühmling
info@WirmachendasHuhn.de
www.wirmachendashuhn.de

Seppenhagen GmbH

Prozessionsweg 30, 59227 Ahlen
Malte Wolter / Janis Wolter
info@wolter-agrar.de
www.wolter-agrar.de/gefluegelwirtschaft

LOHMANN Süd GmbH & Co. KG

Zeppelinstraße 12, 89231 Neu-Ulm
Joachim Holz
info@lohmann-sued.de
https://lohmann-sued.de/

VERBÄNDE

Bund Deutscher Rassegeflügelzüchter e.V.

Dorfplatz 2
01920 Haselbachtal, OT Reichenbach
Chistoph Günzel
info@bdrg.de
www.bdrg.de

Verband der Hühner-, Groß- und Wassergeflügelzüchtervereine zur Erhaltung der Arten- und Rassenvielfalt e.V. (VHGW)

Ulrich Krüger
Höhenweg 93, 45359 Essen-Frintrop
Ulrich.60@web.de
www.gefluegelzucht.de

Zentralverband der Deutschen Geflügelwirtschaft e.V.

Claire-Waldoff-Str. 7
10117 Berlin
Wolfgang Schleicher
info@zdg-online.de
zdg-online.de/

Hühnerrettung NRW e.V.

Dahlener Straße 700
41239 Mönchengladbach
Sandra Joeres, Birgit Raukamp, Nicole Urbantat
info@huehnerrettung.de
huehnerrettung.de

Rettet das Huhn e. V.

38408 Wolfsburg
Stefanie Laab
info@rettetdashuhn.de
www.rettet-das-huhn.de

Bundesverband Mobile Geflügelhaltung e.V.

Odenwaldstr. 80
64397 Modautal
Benedikt Kaschinski
info@mobilstallverband.de

WEBADRESSEN

Hühner Haltung

Donnstetter Weg 11
72525 Münsingen
Heiko Fröhlich
heiko@huehner-haltung.de
www.huehner-haltung.de

Hühner Ratgeber

Donnstetter Weg 11
72525 Münsingen
Jasmin Fröhlich
info@huehner-ratgeber.de
www.huehner-ratgeber.de

Hühner Kräuter

Leonhardstr. 6
86947 Weil
Denise Paché
denise@huehner-kraeuter.de
huehner-kraeuter.de

Bildnachweis

S. 6, 69 © istock/THEPALMER; S. 10 ©istock/Nastasic; S. 25, 84, 173 © Aurélie Lequeux; S. 27, 54, 98 ©istock/la_puma; S. 34, 150 ©istock/suricoma; S. 72, 96 ©istock/Pimpay; S. 77 ©istock/ilbusca; S. 78 ©istock/asmakar; S. 88 ©istock/olgaserova; S. 103, 116 ©istock/ Svetlana Apukhtina; S. 114 ©istock/whitemay; S. 141©istock/nicoolay; S. 150 ©istock/Andrii-Oliinyk; S. 174 ©istock/Ievgeniia Lytvynovych; S. 175 ©istock/Andrew_Howe.

Impressum

Herausgegeben von Hachette Livre
Originaltitel: J'élève mes poules

58, rue Jean Bleuzen – 92178 Vanves Cedex

1. Auflage 2024

Übersetzung: Katrin Marburger
Fachlektorat: Friederike Mund, Landwirtschaftsverlag GmbH
Layout: Aurélie Lequeux
Satz: Christiane Leesker, www.christiane-leesker.de
Illustrationen: Julien Norwood
Umschlaggestaltung: Nicole Dassonville, Christiane Leesker
Druck: Westermann Druck Zwickau GmbH

ISBN 978-3-7843-5763-8

www.lv-buch.de